AF877730

# Haltung von Nymphensittichen

Nymphensittiche im Alltag: Der Praxis-Ratgeber

Fütterung, Unterbringung, Gesundheit, Beschäftigung, Verhalten

WP Magazin

ARNDT-VERLAG
WIR LIEBEN VÖGEL!

## Geleitwort

### *Liebe Leserinnen und liebe Leser, liebe Nymphensittichfans,*

*es ist mir eine große Freude, Ihnen heute das neue Fachbuch über die Haltung von Nymphensittichen vorzustellen. Diese faszinierenden Vögel sind nicht nur wunderschön anzusehen, sondern auch äußerst interessante und liebenswerte Haustiere. In diesem Buch hat sich die Autorin Heidrun Ferber zum Ziel gesetzt, Ihnen alle wichtigen Informationen und Tipps zur tiergerechten Pflege und Haltung von Nymphensittichen zu vermitteln.*

*Egal, ob Sie bereits stolzer Besitzer eines Nymphensittichs sind oder sich noch in der Planungs- und Vorbereitungsphase befinden, dieses Buch wird Ihnen dabei helfen, die Bedürfnisse dieser kleinen Federbälle besser zu verstehen und ein harmonisches und zufriedenes Zusammenleben auf beiden Seiten zu ermöglichen. Von der artgerechten Ernährung über die richtige Gehegeausstattung bis hin zur Beschäftigung und Pflege - hier finden Sie alles, was Sie wissen müssen, um Ihren gefiederten Mitbewohnern ein glückliches, langes und gesundes Leben zu ermöglichen.*

*Ich möchte mich an dieser Stelle bei der Autorin bedanken, die ihr Wissen und ihre Erfahrungen in diesem Buch zusammengefasst hat und nun der interessierten Allgemeinheit zur Verfügung stellt. Ihr Engagement und Ihre Leidenschaft für Nymphensittiche haben dieses Projekt erst möglich gemacht.*

*Ich wünsche Ihnen nun viel Freude beim Lesen und hoffe, dass dieses Buch Ihnen dabei hilft, die wunderbare Welt der Nymphensittiche noch besser zu erkennen, zu verstehen und zu schätzen.*

*Mit den besten Wünschen für Ihre Nymphensittichhaltung*

***Ihr***
***Prof. Dr. Matthias Reinschmidt***

## Vorwort

### *Liebe Leserinnen und liebe Leser,*

*Nymphensittiche werden in der Literatur nicht selten als „Robuste Anfängervögel ohne große Ansprüche" beschrieben. Entsprechend dieser Beschreibung ging ich vor dem Einzug meiner Heimvögel davon aus, dass ich ihnen vom ersten Tag an ein tolles, erfülltes Leben bieten könnte. Das war natürlich totaler Quatsch. Meine charmanten gefiederten Mitbewohner stellten mein Leben nach und nach immer mehr auf den Kopf. Es gab Probleme zu lösen, die ich definitiv nicht auf dem Schirm gehabt hatte. So war es ein langer, steiniger Weg, bis mein hübscher Falco mir sein Vertrauen schenkte. Dabei erwies er sich als ein toller Lehrer. Doch das war nur ein Problem von vielen. Ein anderes war die gesunde Ernährung, denn ihr Gemüse wanderte abends völlig unberührt in den Biomüll. Meine Vorfreude auf den Einzug der Gefiederten galt auch ihren legendären akrobatischten Flugmanövern. Doch was soll ich sagen? Meine Süßen saßen häufig auf dem Dach ihres Käfigs und veranstalteten ein Palaver, als würden sie planen, wie sie gleich die Luft zum Brennen bringen würden. Doch es geschah nichts. Irgendwann verstummte ihr Geschrei, sie wurden kugelrunde Federbälle und blieben einfach sitzen. Die meiste Kraft und unsagbar viele Nerven kosten die verschiedenen Krankheiten der als „robust" geltenden Vögel. Dennoch, gemeinsam mit meinen gefiederten Lieblingen Molly, Lotte, Nico und Falco konnten wir alle Probleme meistern.*

*Es ist für mich eine Herzensangelegenheitt, Sie auf eine ehrliche, unterhaltsame Art zu unterstützen, die diversen Klippen des Alltags souverän zu meistern. Damit das gelingen kann, erwarten Sie neben Fachwissen viele Praxistipps und Anekdoten aus meinem Alltag als Nymphensittich-Halterin. Die üppige Bebilderung lässt Sie tief in das Leben meiner vier gefiederten Lieblinge Molly, Lotte, Nico und Falco eintauchen.*

*Viel Spaß bei der Lektüre dieses Buches und ein gesundes, glückliches Zusammenleben mit Ihren kleinen gefiederten Luftakrobaten.*

*Herzliche Grüße,*

*Molly + Nico, Lotte + Falco und*

***Ihre Heidrun Ferber***

## Inhaltsverzeichnis

# 1. Australien - das Land der wilden Nymphensittiche

Unsere Nymphensittiche erfreuen sich in privaten Haltungen, und das völlig zurecht, über eine sehr großen Zahl an Liebhabern. Sie haben die Herzen ihrer Halter im Sturm erobert und sind nach den Wellensittichen die meist gehaltene Papageienart Europas. Der Export der wilden Nymphensittiche nach Europa begann nach Forshaw (2002) etwa im Jahr 1840. Doch bereits im Jahr 1894 wurde nach Hirt (2003) der Export von der australischen Regierung verboten. Unsere Heimvögel sind seitdem allesamt Nachzuchten. Die Art gilt heute als domestiziert. Das liegt an ihrer Anpassungsfähigkeit und der Tatsache, dass sie auch unter nicht optimalen Bedingungen erfolgreich brüten können. Die große gezüchtete Vielfalt an Farbschlägen sollte jedoch nicht darüber hinwegtäuschen, dass das Verhalten der Vögel und ihre Instinkte in den Genen fest verankert ist. Es ist unseren liebgewonnenen gefiederten Freunden also sozusagen ins Ei gelegt.

Nur sehr wenigen Haltern ist es vergönnt, die Artgenossen ihrer gefiederten Freunde im natürlichen Habitat zu beobachten. Freilandbeobachtungen sind nicht nur interessant und spannend für den Vogelfreund, sondern sie lassen auch einige Rückschlüsse zu, worauf wir bei unserer Haltung ein besonderes Augenmerk legen sollten. Werfen wir gemeinsam einen Blick auf die wilden Nymphensittiche Australiens.

*Ein Schwarm Nymphensittiche in der Wildnis Australiens.*

## 1.1. Lebensraum im Freiland

Mit Australien assoziiert man spontan einen extrem trockenen und heißen Kontinent mit dem Touristenmagneten Uluru (früher Ayers Rock) im Outback. Doch das Land der roten Erde und der Extreme bietet eine ganze Fülle an Landschaftstypen und, begünstigt durch die unterschiedlichen Klimazonen, eine sehr vielfältige Flora. Zu nennen wären Wälder, Steppen, Wüsten, Agrarland und Wiesen. Die Tageslänge in Alice Springs beträgt nach Angabe von Time and Date AS (Juli 2023) zwischen knapp zehn-dreiviertel Stunden am 21. Juni und gut dreizehn-einhalb Stunden am 21. Dezember. Sehr viele Tierarten Australiens sind endemisch, das heißt, sie leben nur in Australien. Dies ist der isolierten Lage des Kontinents zu verdanken, auf dem sich die unterschiedlichsten Lebensformen entwickeln konnten.

Zu den endemischen Arten zählen viele Sittich- und Papageienarten, darunter auch der Nymphensittich. Er hat sich an etliche Landschafts- und Vegetationstypen angepasst und es gibt Populationen auf nahezu dem gesamten Kontinent. Besonders die ariden und semi-ariden Gebiete im Landesinneren werden bevorzugt. Doch auch in der Nähe von größeren Städten kann man Nymphensittiche mittlerweile antreffen.

**Nymphensittiche sind Profiteure menschlicher Ansiedlungen**

Trotz des trockenen Lebensraums der gefiederten Australier sind sie auf das Lebenselixier Wasser angewiesen. Insofern profitieren sie von den Viehtränken der Landwirtschaft. Mit ihrer Hilfe konnten sie sich nach und nach, der menschlichen Landnahme folgend, in neuen Gebieten erfolgreich ansiedeln. Sie wissen dabei nicht nur die Viehtränken und angestauten Seen zu nutzen, auch Getreidefelder finden ihren Zuspruch. Diese erfreuen sich als Nahrungsquelle großer Beliebtheit. Zu ihren bevorzugten Lebensräumen zählen Savannen und Buschland mit lockerem Baumbewuchs. Doch auch in den weitläufigen Steppen, in denen aufgrund der Trockenheit nur extrem widerstandsfähige Gräser und einzelne Bäume gedeihen, leben Nymphensittiche in der Nähe von Wasserstellen oder Flussläufen. Und egal, in welchem Lebensraum und in welcher Klimazone sie rasten, sie finden stets ihre priorisierte Baumart vor: den Eukalyptus. Dieser ist dank seiner circa 600 Arten im gesamten Land verbreitet. Seine Baumhöhlen werden gerne zur Brut genutzt.

*Trinkend am Wasserloch.*

### 1.2. Verhalten

### *Am Wasserloch*

*Kommen Sie bitte mit zu einem Naturerlebnis der Extraklasse, das mit Sicherheit das Herz aller Papageienliebhaber höher schlagen lässt. Inmitten eines trockenen Gebietes findet sich der Schauplatz des Geschehens: ein Wasserloch. An einem einzigen Tag kamen Nymphensittiche in großen Schwärmen von bis zu 100 Individuen, um ihren Durst zu stillen. Es war ein stetiges Kommen und Gehen, das Hutchins und Lovell beobachten konnten. Sie schätzen die Anzahl der Nymphensittiche auf 5.000 Individuen. Hinzu kamen Tausende Wellensittiche und Zebrafinken. Das besondere Trinkverhalten der Nymphensittiche war im Vergleich zu den meisten anderen Vogelarten auffallend anders. Während andere Vogelarten am Ufer landen und zum Gewässer laufen, um zu trinken, landen Nymphensittiche gerne im niedrigen Wasser der Uferbereiche. Sie trinken hastig und fliegen wieder auf. Meine Nymphensittich-Dame Lotte landet übrigens auch öfter einmal in ihrer Badewanne, um daraus zu trinken. Ist dies ein kleiner Gruß ihrer australischen Urahnen?*

### 1.3. Ein Tag in Australien

Der Tag beginnt früh für die Nymphensittiche im Outback. Noch vor Sonnenaufgang kommt Leben in die Vögel. Lautstark wird geplaudert und gerufen, bis Gruppen von 10 bis 15 Individuen davonfliegen. Später sammeln sie sich nochmals in den obersten kräftigen Ästen von abgestorbenen Bäumen, um ihre angeregte Unterhaltung fortzusetzen. Im Hochsommer brechen sie schnell wieder auf, während sie im Winter erstmal ein ausgedehntes Sonnenbad genießen. Danach fliegen sie in Trupps weiter und begeben sich auf Futtersuche. Diese dauert knapp eineinhalb Stunden.

Über Mittag, zur heißesten Zeit des Tages, ruhen die Vögel gerne in schattenspendenden Bäumen in Wassernähe. Die Mittagsruhe wird lediglich von kurzen Futterpausen unterbrochen. Ansonsten dösen die gefiederten Bewohner des Outbacks viele Stunden. Während der Mittagsruhe ist auch die richtige Zeit für die Pflege des Gefieders und zum ausgiebigen Kuscheln mit dem Partnervogel. Am späten Nachmittag brechen sie erneut zu den Futterplätzen auf, bei denen sie wieder knapp eineinhalb Stunden mit der Nahrungssuche verbringen. Kurz vor der Abenddämmerung fliegen die einzelnen Gruppen zurück zu ihren Sammelplätzen. Dabei bevorzugen sie kahle Äste in den Kronen von Eukalyptusbäumen. Nach und nach füllen sich die Äste, denn immer mehr Gruppen finden sich ein. Sobald sich eine ausreichend große Gruppe auf dem Baum versammelt hat, fliegt der Schwarm gemeinsam zurück zu den Schlafplätzen.

## Schwarm- und Paarverhalten

*Nymphensittiche verbringen ihren kompletten Tag an der Seite ihrer Artgenossen. Ihr Individualverhalten orientiert sich stets am Schwarmverhalten. Sie fliegen gemeinsam, fressen gemeinsam, ruhen und schlafen gemeinsam. Das Verhalten des Schwarms dominiert dabei das Verhalten des Individuums, z.B. die gemeinsame Flucht im Schwarm beim Erkennen einer Gefahr. Darüber hinaus gehen Nymphensittiche feste Paarbindungen ein und leben monogam. Ihre Bindung festigen sie durch gegenseitige Gefiederpflege und in der Brutsaison durch Kopulation.*

Die beste Möglichkeit, die Vögel zu beobachten, ist während der Futtersuche auf dem Boden oder bei abgelegenen Wasserlöchern in ariden Gebieten. Nymphensittiche im Flug zu beobachten ist eine weitere Option, denn meistens hört man ihre Kontaktrufe, bevor man sie sehen kann. Doch obwohl Nymphensittiche in der Roten Liste der IUCN *(International Union for Conservation of Nature and Natural Resources; Deutsch: Internationale Union zur Bewahrung der Natur*) im August 2018 als nicht gefährdet (least concern) eingestuft wurden, gehört schon eine ganze Portion Glück dazu, die hübschen Vögel im Freiland zu finden.

Woran liegt es, dass man diese weit verbreitete Vogelart nur mit einer gehörigen Portion Glück fin-

*Das Leben im Schwarm gibt den Beute- und Fluchttieren Sicherheit.*

### *Ständig wachsam und die Gefahr im Blick*

*Die größte Gefahr lauert auf die zierlichen Vögel bei der Nahrungsaufnahme am Boden. Ein sogenannter Wächter sitzt erhöht und behält die Umgebung im Auge. So kann er seine Artgenossen rechtzeitig warnen, wenn er einen Prädator (Fressfeind) sieht. Für einige Spezies, wie Schlangen, Warane und Greifvögel sind sie ein gefundenes Fressen.*

den und beobachten kann? Sie sind immer nur dort anzutreffen, wo die Bedingungen für sie gerade passen. Sie leben also nomadisch und werden ausschließlich während der Brutzeit sesshaft. Bei Trockenheit und schlechtem Nahrungsangebot sammeln sie sich zu riesigen Schwärmen und ziehen in feuchtere Gebiete mit einem guten Nahrungsange-

*Die größte Gefahr lauert häufig während der Nahrungsaufnahme, hier eine Aufnahme aus einer naturnahen Haltung in der Stuttgarter Wilhelma.*

bot. In „guten Jahren" können sie also häufig angetroffen werden, während sie in der gleichen Region in „schlechten Jahren" nicht zu sehen sind.

### 1.4. Wachsam und fluchtbereit

Nymphensittiche sind Beutetiere und Fluchttiere. Dies lässt sich schon an der Ausrichtung der Augenpaare erkennen. Ganz grob gilt folgendes Unterscheidungsmerkmal zwischen Beutegreifern und Beutetieren: Beutegreifer und wir Menschen haben frontal ausgerichtete Augen, bei Beutetieren sind die Augen seitlich am Kopf angeordnet, um so das größtmögliche Sichtfeld zu gewährleisten. Beutegreifer werden in der Biologie auch als Fressfeind oder Prädator bezeichnet. Nymphensittiche sind Beutetiere und müssen zu ihrer eigenen Sicherheit ihre Umgebung stets im Blick behalten. Da ist das extrem große Sichtfeld mit einem nur sehr kleinen toten Winkel überlebenswichtig. Je früher sie Gefahren erkennen, desto erfolgreicher ist ihre Flucht. Der Schwarm gewährleistet jedem Individuum ein Maximum an Sicherheit. Zum einen ist es für einen Beutegreifer extrem schwierig, ein Individuum im Schwarm zu verfolgen, zum anderen ist natürlich auch die Wahrscheinlichkeit, selbst das Opfer zu sein, rein statistisch eher gering. So werden meistens kranke, alte oder junge, unerfahrene Nymphensittiche geschlagen. Als exzellente Flieger erreichen sie enorme Geschwindigkeiten und gehören zu den schnellsten Vögeln Australiens. Ihre Wendigkeit und die Beherrschung akrobatischer Flugmanöver helfen ihnen, den Angriffen von Falken hervorragend auszuweichen.

### 1.5. Futtersuche

Nymphensittiche im Freiland nehmen den Großteil ihrer Nahrung auf dem Boden zu sich. Sie ernähren sich von den Samen, die unterschiedliche Grassorten, Sträucher und Bäume hervorbringen. Besonders beliebt sind die Samen von Akazienbäumen. Hinzu kommen Körner wie Weizen, Sorghum und Hirse. Bei Sorghum handelt es sich um Süßgrassorten, die trockenes, heißes Klima gut vertragen. Australien ist weltweit einer der größten Produzenten von Sorghum. Die gefiederten Australier bedienen sich dabei sowohl an abgeernteten als auch an den noch nicht abgeernteten Feldern. Überraschenderweise spielen Sonnenblumenkerne trotz ihrer guten Verfügbarkeit keine große Rolle bei ihrer Ernährung. Stattdessen gehören unterschiedliche Früchte und Beeren zu ihrem Nahrungsspektrum. Der Verzehr von Insekten als Quelle tierischen Eiweißes konnte nur in einem einzigen Fall nachgewiesen werden. Das Insekt wurde offenbar unbeabsichtigt mitgefressen. Stattdessen zeigten die Untersuchungen die Vorliebe der kleinen Papageien für halbreife, noch weiche Getreidekörner, deren Verfügbarkeit gleichzeitig die Brutsaison einläutet. Die Suche nach Futter findet zweimal am Tag statt und dauert insgesamt circa drei Stunden.

#### *Wichtige Verhaltensmerkmale im Freiland*

- *Nymphensittiche sind Schwarmtiere, die in festen Partnerschaften leben.*
- *Nymphensittiche sind Bodenfresser, die sich überwiegend von Gräsern und Körnern ernähren.*
- *Die Ruhephasen verbringt der Schwarm gerne hoch oben in den kahlen Kronen von Eukalypten.*
- *Als Beute- und Fluchttiere sind ihre Fluggeschwindigkeit und ihre Flugmanöver auf der Flucht vor Prädatoren überlebenswichtig.*
- *Sie leben nomadisch und werden ausschließlich während der Brutzeit sesshaft.*

## 2. Was können wir vom Freiland lernen?

### 2.1 Niemals allein – Immer paarweise oder als Gruppe

Von unserer kleinen Reise ins Land der Nymphensittiche wissen wir, dass sie den kompletten Tag in Gesellschaft ihrer Artgenossen verbringen. Nur durch den Kontakt zu ihren Schwarmmitgliedern können sie ihr komplettes soziales Verhalten ausleben.

***Partnerschaft für das ganze Leben***

*Die sozialen Vögel bleiben ihr ganzes Leben an der Seite ihres geliebten Partners. Gemeinsam wird gekuschelt, gespielt und das Gefieder gepflegt. Sie fliegen Seite an Seite zur Futterstelle, den Ruhe- und Schlafplätzen. Die Paare teilen sich sogar das Brutgeschäft, indem sie die Eier abwechselnd ausbrüten und ihre Küken gemeinsam füttern.*

#### Sicherheit im Schwarm

Es ist ein wunderschöner Anblick, wenn man den innigen, liebevollen Kuschel- und Schmusezeiten als stiller Beobachter beiwohnen darf. Mir geht das Herz auf und ich freue mich jeden Morgen, wenn ich sehe, dass meine beiden Paare ganz eng zusammensitzen und sich mit den Flügeln berühren. Man nennt dieses Verhalten „Kontaktsitzen". Es gilt als Zeichen für eine feste Paarbindung. Das Sicherheitsgefühl, das die Schwarmmitglieder jedem einzelnen Individuum vermitteln, ist nicht zu unterschätzen. Wir erinnern uns an den Wächter, der in Australien Alarm schlägt, wenn sein Schwarm von einem Prädator bedroht wird. Die vielen Augenpaare aller Schwarmmitglieder sehen natürlich viel mehr als ein einzelnes Individuum.

#### Probleme einer Einzelhaltung

Kein Artgenosse kann helfen, die Umgebung im Auge zu behalten. Kein Artgenosse erkennt frühzeitig nahende Gefahren. Der einzeln gehaltene Vogel steht unter dem immensen Druck, alleine auf sich gestellt, seine gesamte Umgebung tagein, tagaus im Auge zu behalten. Wann sollte er sich also entspannen? Die Antwort liegt auf der Hand: NIE! Er lei-

***Dauerstress und Einsamkeit machen krank***

*Nymphensittiche dürfen niemals einzeln gehalten werden. Wichtig ist mindestens ein artgleicher gegengeschlechtlicher Sozialpartner. Optimal ist die Gruppenhaltung mehrerer Paare.*

Mindestens zu zweit ist man niemals allein.

det tagaus, tagein unter Dauerstress. Dieser negative Stress begünstigt beispielsweise das Ausbrechen infektiöser Krankheiten. Im schlechtesten Fall könnte das sogar den Tod bedeuten.

### Schrei nach Liebe

Bei einzeln gehaltenen Weibchen kann es zusätzlich zur Problematik des Dauerlegens kommen, wobei das Weibchen dann Ei um Ei ablegt. Es kann mit der Eiablage gar nicht mehr aufhören. Hierdurch kommt es häufig zu einer Legenot, die ohne sofortige ärztliche Hilfe tödlich enden kann. Einzelhaltung kann auch zu Verhaltensauffälligkeiten wie Schreien und Rupfen führen. Schreien wird vom Halter leider nicht selten falsch interpretiert. Der einzeln gehaltene Vogel ruft mittels Kontaktrufen nach Artgenossen. Nymphensittiche begrüßen sich mit Kontaktrufen und in Australien hört man sie häufig rufen, bevor man den fliegenden Schwarm sehen kann. Erfolgt eine Verbesserung der Lebensumstände, kann sich diese Angewohnheit schnell wieder legen. Das Leben in einer Gruppe ist unseren Nymphensittichen als ausgesprochenen Schwarmtieren ins Ei gelegt.

## 2.2 Aktivität und Ruhephasen

Sie erinnern sich bestimmt an den Tag in Australien. Die wilden gefiederten Bewohner des Outback haben zwei Phasen am Tag, in denen sie besonders aktiv sind. Die erste findet früh morgens statt, die zweite am späten Nachmittag. In diesen beiden Phasen werden Futterstellen aufgesucht und der größte Teil des Tagesbedarfs gedeckt. Häufig müssen sie große Strecken fliegen, bis sie ein geeignetes Nahrungsangebot vorfinden. Dieser Beobachtung folgend ist es wichtig, unseren Vögeln in menschlicher Obhut sowohl morgens als auch abends großzügige Zeiten

### *Futtersuche für die Fitness*

*Der schlanke, stromlinienförmige Körperbau der zierlichen Australier ist für das Fliegen perfektioniert. Dies sollten wir in maximalem Maß auch im heimischen Wohnzimmer begünstigen und fördern. Der Futternapf sollte nicht schnabelgerecht neben der Schlafstange bereitstehen und prall gefüllt sein. Es gibt keine bessere und einfachere Art, die Vögel, getreu nach dem Vorbild der Natur, lange zu beschäftigen.*

Sportlich dynamisch.

zum Freiflug einzuräumen. Auch das zweimalige Füttern pro Tag hat sich bewährt. Mit der richtigen Futterstrategie können wir im Handumdrehen für mehr Bewegung und mehr Beschäftigung sorgen.

Nach der Futteraufnahme halten die Nymphensittiche eine Ruhepause. Es wird gedöst, gekuschelt und das Gefieder gepflegt. Von den Vögeln werden gerne Sitz- und Ruheplätze in luftiger Höhe angenommen. Diesem Verhalten sollten wir durch eine ausreichend hohe Voliere und die Einhaltung der Ruhezeiten sowie einer zwölfstündigen Nachtruhe gerecht werden.

### 2.3 Fliegen und flüchten

Das Verhalten als Fluchttier liegt den kleinen Australiern in den Genen. Nur die Individuen, die schnell genug flüchten, können der Gefahr entkommen. Ein einziger Fehler kann tödlich enden. Um den Angriffen von Beutegreifern wie Falken zu entkommen, sind sie zu spektakulären Flugmanövern in der Lage. Diese Flugmanöver benötigen einen gewissen Raum. Freiflugzimmer und Voliere können also gar nicht zu groß ausfallen. In Kapitel 5 schauen wir uns die Unterbringung ganz genau an, denn je mehr Platz sie haben, desto häufiger erfreuen sie uns mit ihren grandiosen Flugshows!

### 2.4 Kalorienbewusst und abwechslungsreich

Die wilden australischen Artgenossen unserer Heimvögel ernähren sich hauptsächlich von verschiedenen Gräsern und Samen. Die hochkalorischen Sonnenblumenkerne spielen in der Natur kaum eine Rolle. Ebenso erwähnenswert ist die Tatsache, dass sie keine tierischen Proteine aus Insekten aufnehmen. Die nomadische Lebensweise und der Einfluss der Witterung sorgen in freier Wildbahn automatisch für ein sich ständig änderndes Nahrungsangebot. Das sollten wir als Halter durch eine möglichst abwechslungsreiche Kost nachahmen. Hierzu gehört die Gabe von Grünfutter und Gemüse. Das Erhaltungsfutter unserer Heimvögel sollte eine kalorienarme Mischung aus möglichst vielen verschiedenen Grassorten und Sämereien sein. Eine Gabe von tierischen Eiweißen und fettreichen Saaten ist nicht erforderlich. Im Gegenteil: Nymphensittiche neigen in menschlicher Obhut gerne zu Adipositas, also zu starkem Übergewicht. Eine Fülle an Informationen, wie Sie das vermeiden können, wartet in Kapitel 10 auf Sie und Ihre süßen Australier.

#### *Lernen vom australischen Outback für das heimische Wohnzimmer*

- *Wir dürfen Nymphensittiche niemals alleine halten. Der gegengeschlechtliche Nymphensittich-Partner ist Pflicht. Noch besser ist die Haltung einer Gruppe Nymphensittiche. Einzelhaltung kann nicht nur zu gesundheitlichen Problematiken führen, sondern auch zu Verhaltensauffälligkeiten wie Schreien und Rupfen durch Stress und Langeweile.*
- *In den beiden aktiven Phasen am Morgen und am späten Nachmittag bieten wir unseren Vögeln Freiflug.*
- *Die Futtersuche bietet eine tolle Möglichkeit, unsere Heimvögel lange zu beschäftigen.*
- *Nymphensittiche bevorzugen gerne sichere Ruhe- und Schlafplätze in luftiger Höhe. Das sollte bei der Gestaltung der Voliere und der Freisitze beachtet werden.*
- *Eine möglichst vielseitige Mischung unterschiedlicher Gräser und Sämereien dient als kalorienarmes Erhaltungsfutter. Hinzu kommt Gemüse und Grünfutter.*
- *Einhaltung der Ruhephasen und einer circa zwölfstündigen Nachtruhe.*

## 3. Taxonomie/Systematik

Die Taxonomie erfasst Lebewesen systematisch und teilt sie in eine hierarchische Systematik ein. Die genetische Verwandtschaft verschiedener Arten wird in einem System klassifiziert. Heute basiert diese Systematik auf molekularwissenschaftlichen Erkenntnissen. Es entsteht ein in der Historie weit zurück reichender Stammbaum, anhand dessen ablesbar wird, inwieweit verschiedene Tierarten miteinander verwandt sind.

### Kleine Kakadus

Bevor meine ersten Nymphensittiche bei mir eingezogen sind, dachte ich, dass es sich bei ihnen um australische Sittiche handelt. Vielleicht hatten Sie da die gleichen Überlegungen, denn diese Vermutung scheint ja schon allein aufgrund des Namens naheliegend zu sein. Doch weit gefehlt! Und selbst bei den Ornithologen war lange umstritten, ob Nymphensittiche der Familie der Eigentlichen Papageien (*Psittacidae*) oder der Familie der Kakadus (*Cacatuidae*) zuzuordnen wären. Diese Unsicherheit lässt sich auch aus den alten Bezeichnungen der Nymphensittiche als Keilschwanzkakadu oder Kakadusittich ablesen. Heute ist sich die Wissenschaft einig: Der Nymphensittich ist den Kakadus zuzuordnen. Keine andere Art aus der Familie der Kakadus unterscheidet sich jedoch so stark von den anderen Vertretern wie der Nymphensittich. Er bildet nicht nur eine eigene Gattung, sondern auch eine eigene Unterfamilie innerhalb der Familie der Kakadus.

Man geht heute davon aus, dass sich aufgrund des Nomadentums und der damit einhergehenden Durchmischung der Gruppen und Schwärme keine weiteren Unterarten entwickeln konnten. Ist es nicht spannend zu sehen, dass die Lebensweise des Nymphensittichs als Nomade zu dieser Alleinstellung innerhalb der großen Familie der Kakadus geführt hat?

**Systematik Nymphensittich**

| | | |
|---|---|---|
| ***Ordnung*** | *Papageien* | *Psittaciformes* |
| ***Superfamilie*** | *Kakadu* | *Cacatuoidea* |
| ***Familie*** | *Kakadus* | *Cacatuidae* |
| ***Unterfamilie*** | | *Nymphicinae* |
| ***Gattung*** | | *Nymphicus* |
| ***Art*** | *Nymphensittich* | *Nymphicus hollandicus* |

***Nymphensittich - Nymphicus hollandicus***

*Der Nymphensittich gehört zur Familie der Kakadus. Aufgrund seiner nomadischen Lebensweise gibt es keine weiteren Unterarten.*

### 3.1 Körperbau und Aussehen

Nymphensittiche haben einen schlanken Körperbau und spitz zulaufende Flügelenden. Ihre Größe beträgt circa 30 cm. Wie alle Kakadu-Arten tragen sie auf dem Kopf eine Federhaube. Die adulten Vögel weisen einen deutlichen Geschlechtsdimorphismus auf. Das bedeutet, dass anhand der unterschiedlichen Gefiederfärbung die Geschlechter bestimmt werden können. Bei zahlreichen gezüchteten Farbschlägen ist dies leider nicht möglich. Das wäre eher Kaffeesatzlesen. Die Grundfarbe des adulten wildfarbenen Männchens ist grau mit einer weißen Flügelbinde. Die Gesichtsmaske ist gelb und die Wangenflecken sind leuchtend orange. Gesichtsmaske und Wangenflecken sind deutlich ausgeprägter als bei den Weibchen. Diese tragen ein bräunlich-graues Gefieder, dessen Farbintensität geringer ausfällt als bei den Männchen. Die Schwung- und Schwanzfedern der Männchen sind dunkelgrau. Die Schwungfedern der Weibchen sind gelb geperlt, die Schwanzfedern gelb gebändert. Jungtiere ähneln bis zur Jugendmauser stark der Gefiederfarbe der Weibchen.

*Nymphicus hollandicus:* Adultes wildfarbenes Männchen.

*Nymphicus hollandicus:* Adultes wildfarbenes Weibchen.

## 4. Passen Nymphensittiche in mein Leben?

Nymphensittiche werden häufig als anspruchslose Anfängervögel bezeichnet. Das stimmt insofern, als dass es Papageienarten gibt, die deutlich mehr Ansprüche an ihre Haltung stellen und die nur unter optimalen Bedingungen zu züchten sind. Auf der anderen Seite entsteht häufig der Eindruck, dass diese Art keine Ansprüche an ihre Haltung stellt und nicht viel Arbeit macht. Kurzum, es kursiert das Missverständnis, dass sie einfach so nebenher laufen. Viele Einsteiger in die Vogelhaltung erleben allerdings ihr blaues Wunder. So einfach, wie man sich das vorgestellt hat, ist die Haltung in der Praxis dann doch nicht.

### *Information ist alles*

*Bevor man Heimvögel bei sich zuhause aufnimmt, sollte man sich genauestens darüber informieren, ob diese zum einen in das eigene Leben passen, und zum anderen, ob man ihren Ansprüchen gerecht werden kann. Nymphensittiche werden bis zu 25 Jahre alt. Einzelne Vertreter ihrer Art sogar noch älter! Ein langer Zeitraum, in dem viel passieren kann und wird. Es will also wohlüberlegt sein, ob wir dieser Verantwortung tatsächlich gerecht werden können und wollen.*

### 4.1 Liebe auf den ersten Blick

Als Nico mich das erste Mal mit seinen dunklen Äuglein anblickte, war es direkt um mich geschehen. War der süß! Ich verliebte mich gleich Hals über Kopf in den kleinen Prinz Charming. Jeder kleine Pieps war Musik in meinen Ohren. Von seinem Partner Falco konnte ich kaum die Augen lassen. Wow, war das ein wunderschöner kleiner Kakadu. Er kletterte, flog und landete mit einer traumwandlerischen Sicherheit. Dabei hatte er eine Körperspannung und Ausstrahlung, die mich beeindruckte. Einen hübscheren Nymphensittich hatte ich tatsächlich vorher noch nie gesehen. Meine Freude war riesengroß, dass diese beiden Gefiederten jetzt bei mir lebten und ich sie beobachten und umsorgen durfte. Lange hatte ich mich intensiv auf diesen Tag vorbereitet, ihn herbeigesehnt - und jetzt war er endlich da!

### 4.2 „Wenn Sie keine Probleme haben, schaffen Sie sich ein Haustier an"

Frei nach dieser Devise einer vogelkundigen Tierärztin erlebte ich so manche Überraschung mit meinen gefiederten Mitbewohnern. Es war anfangs schmerzlich mit ansehen zu müssen, dass sie vollkommen verängstigt waren und meine Anwesenheit für sie puren Stress bedeutete. Es dauerte einige Monate, bis sie sich eingewöhnt hatten und mir nach und nach einen Hauch ihres Vertrauens schenken konnten. Ich investierte immer mehr Zeit, Geld und vor allem Herzblut in die beiden. Um ihnen die wichtige morgendliche und abendliche Zeit zum Freiflug zu ermöglichen, war ich lange darauf angewiesen, dass sie freiwillig zurück in ihren Käfig gegangen sind. Lange Wartezeiten garantiert! Meine Tagesplanung wurde entsprechend häufig von Nico und Falco über den Haufen geworfen.

#### Das Chaos hat einen Namen

Nico und Falco dankten mir mein Engagement mit einem Zugewinn an Kot, den sie gewissenhaft überall verteilen. Das Mobiliar bleibt davon genauso wenig verschont wie meine Kleidung und vor allem der Boden. Bemerkenswert finde ich, dass sie in der Lage sind, während des Flugs sogar die Wand mit ihren Malereien gemäß ihrem ganz eigenen Kunstverständnis zu verschönern. Malerarbeiten sind da übrigens ein gutes Stichwort: Die gefiederten Handwerker modifizieren gerne die Tapete mit ihren Schnäbelchen. Und sie differenzieren selbstverständlich nicht zwischen ihrem Schredder-Spielzeug und dem neuen Ledersofa oder dem antiken

Nico

Falco

### *Turbulente Zeiten*

*Mit Nico und Falco zogen endlich zwei Nymphensittiche ein und stellten mein Leben nach und nach immer mehr auf den Kopf. Sie wickelten mich um ihre "Finger". Und ich konnte häufig nur hilflos daneben stehen, wenn Nico (mal wieder) einen Unfall beim Landen fabrizierte. Das schien er nie wirklich gelernt zu haben. Das Zusammenleben entwickelte sich zunehmend als Achterbahn der Gefühle. Es lauerten 1000 Klippen. Hatten wir eine Klippe umschifft, steuerten wir schnurstracks auf die nächste zu. Auch heute gibt es noch einige schwerwiegende Turbulenzen, die Gesundheit meiner mittlerweile vier gefiederten Lieblinge betreffend. Es scheint so zu sein, dass ich kranke Vögel magisch anziehe. Oder sie mich? Letzten Endes ist das völlig unerheblich, denn es gilt schlicht, alle Herausforderungen zu meistern und Probleme zu lösen, die ich niemals auf dem Schirm gehabt hätte.*

Schränkchen, einem Familienerbstück von Urgroßoma Erna. Die Vorlieben ändern sich da schneller als der Wind. Was heute nicht einmal einen interessierten Blick wert ist, kann morgen schon das interessanteste Spielzeug der Saison sein, welches intensiv mit den Schnäbeln nach Art des Nymphensittichs bearbeitet wird. Als Halter sollte man sich da, was Mobiliar, Tapete und Türen betrifft, niemals sicher sein. Eine Besonderheit aller Kakaduarten sind ihre Puderdunen im Lendenbereich. Diese produzieren einen schützenden, fetthaltigen Puderstaub, der für die Gefiederpflege benötigt wird. Nymphensittiche sind also sehr staubige kleine Gesellen, was sich nicht nur an der Raumluft, sondern auch auf allen

Oberflächen bemerkbar macht. Während der Mauser entstehen wahre Fusel- und Staubwölkchen, wenn sie sich beim Putzen schütteln. Für manch einen Allergiker wurde das zum handfesten Problem. In etlichen Fällen mussten die Vögel schnell wieder abgegeben werden. Für Halter und Vögel eine schmerzhafte Erfahrung. Die Dauer der täglichen Reinigungsarbeiten beträgt circa 1 ½ bis 2 Stunden.

Noch ein Punkt ist durchaus erwähnenswert: ihre Stimmgewalt. Sie sind eben echte Kakadus im Kleinformat. Mit ihren großen Verwandten können sie, die Lautstärke betreffend, zwar nicht mithalten, dennoch rufen sie schon um einiges lauter als gedacht. Das traut man den unglaublich niedlichen kleinen Vögelchen auf den ersten Blick gar nicht zu. Ihre Rufe sind recht schrill, was von geräuschempfindlichen Menschen als äußerst störend empfunden wird. Da können, wie ich aus eigener Erfahrung weiß, beim Bau einer Außenvoliere ungeahnte Probleme mit den Nachbarn auf uns Halter zukommen.

*Laut und schrill.*

*Das Putzen hört nie auf…*

## *WAS MAN VORHER WISSEN SOLLTE*

### *Teurer als gedacht*

- *Innen- und Außenvoliere mit Voliereneinrichtung (Sitzäste, Schaukeln, Seile und Co), Spielsachen und Sitzplätze im Freiflugzimmer.*
- *Futtermischungen, Bio-Gemüse und Futterpflanzen*
- *Futterergänzungsmittel*
- *Kosten für vogelkundigen Tierarzt und Medikamente*
- *Spezial-Vogellampen und deren Leuchtmittel*
- *Luftreiniger und eventuell Luftbefeuchter.*
- *Transportkäfige*
- *Krankenkäfig*

### *Weitere Hürden, die gemeistert werden wollen:*

- *Es kann lange dauern, bis sie Vertrauen aufbauen.*
- *Sie stellen unsere Geduld auf eine harte Probe.*
- *Sie benötigen viel Platz.*
- *Nymphensittiche sind kleine Zerstörer, die vor nichts, was ihnen gefällt, Halt machen.*
- *Ihre Unterhaltungen führen sie recht lautstark. Sie haben eine schrille Stimme, die für einige Menschen sehr unangenehm klingt.*
- *Sie beeinflussen unsere Tagesplanung nachhaltig, denn morgens und abends brauchen sie unbedingt mindestens je zwei Stunden Freiflug.*
- *Sie koten alles voll und produzieren jede Menge Staub.*
- *Der Zeitaufwand für das lästige Putzen beträgt täglich 1 ½ bis 2 Stunden.*
- *Mit Vögeln sollte man unbedingt zu einem vogelkundigen Tierarzt gehen. Der Tierarzt für Kleintiere ist für Vögel nicht empfehlenswert. Das kann eine weite Anreise bedeuten!*
- *Im Krankheitsfall kann ihre Pflege nicht nur kosten-, sondern auch nerven- und zeitintensiv sein.*

## 4.3 Mit den Nerven am Ende

### Bangen um Nico

Nico war schwer erkrankt und seine Chancen auf ein langes Leben standen nicht gut. Dabei wurden Nymphensittiche von Papageienkennern doch häufig als eine robuste Art empfohlen. Nach der Diagnose folgten zwei Jahre des Hoffens und Bangens, voller Besuche beim vogelkundigen Tierarzt. Mein sehnlichster Herzenswunsch war es, dass mein kleiner Sonnenschein wieder gesund werden würde. Doch irgendwann ging es ihm so schlecht, dass nur eine risikoreiche Operation ihn retten konnte. Ich hatte schreckliche Angst um den Kleinen, denn seine Chancen lagen bei 50%. War sein Glas halb leer oder halb voll? Neben vielen Nerven investierte ich in meinen geliebten Nico eine Summe beim vogelkundigen Tierarzt, die locker gereicht hätte, meinen kleinen gefiederten Freund in Gold aufzuwiegen. Gut für mein liebes Sonnenscheinchen, dass ich mir das finanziell leisten konnte. Es ist für mich eine fürchterliche Vorstellung, wenn ich für meine Vögel aus Kostengründen nicht alle medizinisch sinnvollen Maßnahmen ergreifen könnte. Der ganze Stress, die

Angst und die vielen Tränen wurden belohnt, denn Nicos Glas war halb voll. Dank seiner großen Außenvoliere und einem maximum an Bewegung ist er jetzt ein quietschfideler kleiner Kakadu.

## 4.4 Ende gut, alles gut?

Zu meinem, oder besser gesagt, zum Glück meiner beiden Jungs fehlten jetzt noch die passenden Mädels. Eine größere Innenvoliere musste gekauft werden und ich dachte, jetzt wird alles perfekt. Und das wurde es auch: Aus den vier Vögeln wurden zwei Paare. Falcos Herzdame war von Anfang an die süße Lotte, während Nico voll und ganz dem Charme der liebreizenden Molly erlag.

### Vergängliches Glück

Das Glück schien perfekt! Bis, ja bis die beiden Schwesterchen Lotte und später auch Molly erkrankt sind. Eventuell eine erbliche Vorbelastung. Bei beiden Vögeln ist die Medizin noch nicht in der Lage, eine belastbare Diagnose zu stellen. Die vogelkundige Tierärztin und ich unterstützen die beiden mit ganzer Kraft. Ich hoffe, dass ich sie noch sehr lange bei mir habe. Dafür stehe ich gern jeden Morgen, auch sonn- und feiertags, zu nachtschlafender Zeit auf und richte meinen Tagesablauf nach meinen gefiederten Freunden. Da ein Urlaubsquartier mit täglichen Zwangsmaßnahmen zur Medikamentengabe mit großem Stress verbunden wäre, bleibe ich zu Hause. Einen Urlaub könnte ich vor Sorge um Lotte und Molly sowieso nicht genießen.

### Schwerwiegende Entscheidung

Ich möchte Ihnen wirklich keine Angst machen, aber es kommen Überraschungen auf uns Halter zu, von denen wir vorher noch nicht einmal geträumt hätten. Sicher ist auf alle Fälle, dass der Einzug von Nymphensittichen unser Leben durcheinander wirbelt und es zu einigen Turbulenzen kommt. Ich liebe Molly, Nico, Lotte und Falco von ganzem Herzen und würde mich niemals von ihnen trennen. Das Zusammenleben mit ihnen stellt für mich eine unglaublich schöne Bereicherung dar und so unternehme ich alles in meiner Macht Stehende, damit es den Vögelchen gut geht. Dazu gehören auch diverse Einschränkungen. Der Lebensplan jedes Menschen sieht anders aus und so sollten wir ernsthaft überlegen, ob wir zugunsten unserer Tiere eigene Einschränkungen in Kauf nehmen würden. Das sind wir uns selbst und unseren Tieren gegenüber doch letzten Endes schuldig, oder?

*Endlich zu viert.*

### *Kuscheln ist dem Partnervogel vorbehalten*

*Nymphensittiche sind keine Tiere zum Anfassen und für uns Menschen keine Vögel zum Kuscheln. Das ist auch einer der zahlreichen Gründe, dass diese Vögel für Kinder völlig ungeeignet sind! Unsere Rolle als Halter ist die eines zurückhaltenden Beobachters. Mit viel Geduld und Einfühlungsvermögen ist es möglich, dass sie uns ihr Vertrauen schenken und unsere Gesellschaft suchen. Zum Kuscheln brauchen sie ihren Partnervogel, mit dem sie, genau wie ihre Verwandtschaft in Australien, ihren kompletten Tag verbringen.*

**Gut gedacht ist nicht immer gut gemacht**

Beim Einzug standen meinen ersten beiden Nymphensittichen Nico und Falco ein vermeintlich großer Käfig mit Naturästen, eine Auswahl an Spielzeugen und frische Zweige zum Knabbern zur Verfügung. Das Dach des Käfigs, der, wie sich später herausstellen sollte, deutlich zu klein war, lockte mit einem Spielplatz. Im Freiflugzimmer luden ein kleiner mobiler Freisitz und ein Triangel in luftiger Höhe zu Erkundungstouren ein. An der höchsten Stelle des Raumes befand sich ein großer Sitzplatz aus Naturästen, von dem aus sie nahezu ihr ganzes Kakadu-Reich im Blick hatten. Ich erlag dem Trugschluss, dass ich meinen gefiederten Mitbewohnern bereits vom ersten Tag an ein tolles Nymphensittich-Traumland bieten würde. Mein erklärtes Ziel bestand von Beginn an darin, dass sich Nico und Falco bei mir einfach rundum nicht nur pudelwohl, sondern - Sie erlauben die Wortschöpfung - "nymphenwohl" fühlen würden. Laut meiner damaligen Information sollten sie sich recht schnell einleben und anfangen neugierig ihre Umgebung zu erkunden. Es dauerte allerdings viele Monate, bis sie hierzu den nötigen Mut hatten. Und ohne unser tägliches Clickertraining (mehr dazu in Kapitel 11) hätten sie hierfür nochmal deutlich länger gebraucht. Ihre Erkundungsflüge waren der Beginn einer neuen Ära. Ich genoss diese spannende Phase in vollen Zügen. Nach und nach eroberten sie den ganzen Raum. Sie begannen, sich wirklich wohler und sicherer zu fühlen. Aus dem ehemaligen Blumenfenster entwickelte sich eine stetig größer werdende Spiellandschaft, und in den Zimmerecken bot ich immer wieder neue Sitzplätze an. Böse Zungen behaupten, dass ich in einem Vogelzimmer leben würde. Zugegebenermaßen ist das wohl auch nicht von der Hand zu weisen, aber wunderschön für meine gefiederten Freunde und für mich.

### Arttypische Bedürfnisse erfüllen

*Das Leben der wilden Artgenossen können wir natürlich in unserer privaten Haltung bei allem Engagement nie abbilden; weder in Hinblick auf den zur Verfügung gestellten Raum, noch auf die Schwarmgröße oder das Nahrungsangebot. Ziel einer guten Haltung ist es, den Vögeln ein adäquates Ersatzangebot machen zu können, um so alle arttypisch wichtigen Bedürfnisse zu erfüllen. Es gilt, die intelligenten, gefiederten Freunde täglich physisch und kognitiv zu fördern und zu fordern. Mithilfe verschiedener Angebote lösen wir arttypisches Verhalten aus und trainieren dies effektiv!*

*Gleich zwei wichtige Bedürfnisse werden durch die Pflanze befrieditgt: Koordination und Futtersuche.*

**Turbulente Zeiten für Nico**

Nico stolperte vom ersten Tag an ständig und überall. Ich hielt den Atem an, dass er sich nicht verletzen würde. Er wagte es noch nicht einmal, sich umzudrehen, ohne sich gleichzeitig mit seinem Schnabel festzuhalten. Das gleiche Bild bot sich beim Fliegen. Das heißt, das Fliegen klappte recht gut. Aber das Landen: oje! Ich hatte tatsächlich den Eindruck, er habe vorher noch nie eine Landung gemacht. Sein Körpergefühl und sein Gleichgewichtssinn wurden vorher wohl nie trainiert und gefördert. Seine Verletzungsgefahr war entsprechend groß. Mir blutete das Herz, als ich beobachtete, mit welchen Problemen er ständig konfrontiert war. So flog er den Naturäste-Freisitz zigmal an, bis er es schaffte, darauf zu landen. Bei einer Schaukel bot sich das gleiche traurige Bild. Sein Kumpel Falco erledigte beides hingegen mit einer traumwandlerischen Sicherheit. Es war ein Wunder, dass sich mein gefiederter Liebling Nico bei keiner seiner Bruchlandungen und Abstürze verletzte. Sein Schutzengel hatte da alle Hände voll zu tun! Der kleine Kämpfer gab nicht auf und verbesserte nach und nach sein Körpergefühl. Er erlernte das Klettern, Fliegen und Landen, was Jungvögel nach dem Verlassen ihrer Bruthöhle im ausgelassenen Spiel mit ihren Geschwistern und bei der Erkundung ihrer Umwelt ganz nebenbei lernen und trainieren. Ich schätze, dass er diese Möglichkeit früher nie hatte. Jetzt eroberte er nach und nach alle Sitzplätze, die sich ihm boten. Welch toller Erfolg für Nico. Mit jedem Erfolgserlebnis lernte er dazu und sein Selbstbewusstsein wuchs. Mit Hilfe des Clickertrainings konnte ich ihn sehr effektiv unterstützen. Mittlerweile bewegt er sich schon lange mit der gleichen Selbstverständlichkeit wie Falco.

## 5.1. Größer Wohnen für Nymphensittiche – die Innenvoliere

Der Stellenwert einer Innenvoliere kann gar nicht hoch genug bewertet werden, denn sie muss vielfältige Bedürfnisse ihrer Bewohner befriedigen. Hinzu kommt, dass Heimvögel meist einen großen Teil des Tages in ihr verbringen. Grund genug, einen Blick in Richtung der heute immer noch verbreiteten Irrtümer und Mythen zu riskieren.

*Zu groß kann die Innenvoliere nicht sein!*

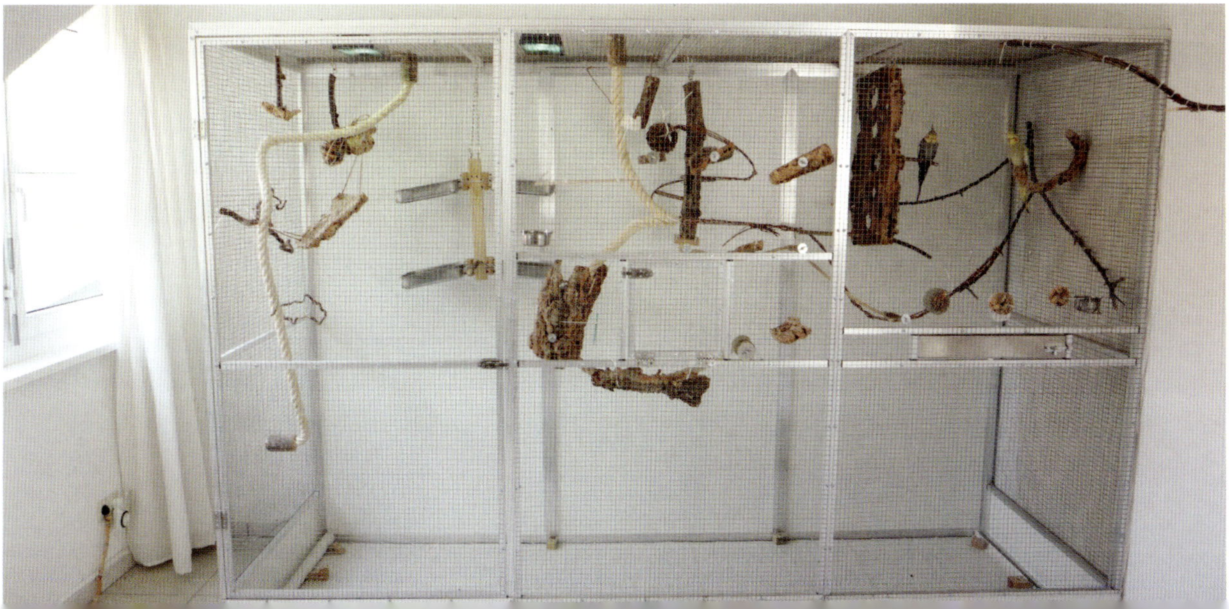

### 5.1.1. Irrtümer und Mythen rund um die Innenvoliere

**Meine Vögel haben immer Freiflug. Ihnen genügt ein kleiner Käfig.**
Ein sehr schöner Gedanke, dass die Vögel ganztägig ihren Freiflug genießen. Leider wird dieses Konzept in den meisten Fällen allerdings zum Scheitern verurteilt sein. Ein Wohnzimmer ist selten vogelsicher. Die kleinen Kakadus werden vielen unkalkulierbaren Risiken ausgesetzt und am Inventar und Mobiliar Nage- und Kotspuren hinterlassen. Die Folge ist leider häufig, dass Heimvögel in ihren viel zu kleinen Käfigen sitzen und leiden.

**Der Standort der Vogelvoliere ist egal.**
Die Vogelvoliere sollte an einem ruhigen, geschützten Platz stehen. Im Durchgangsbereich ist der Stress durch ständige Störungen für die Vögel zu groß. Die Nachtruhe von ca. zwölf Stunden muss gewährleistet werden. Stressige Irritationen, z.B. durch Fernsehen oder PC, sollten vermieden werden.

**Vor dem Fenster ist der ideale Standort.**
Aus dem Fenster schauen und in der Sonne sitzen ist für Heimvögel interessant und spannend! Darüber hinaus müssen wir aber auch schattige und sichere Rückzugsorte schaffen. Orte, an denen sich die Vögel nicht wie auf dem Präsentierteller fühlen. Die Entscheidung, ob sie in der Sonne sitzen möchten oder nicht, obliegt den Tieren.

**Die Voliere ist groß. Deshalb brauchen die Vögel keinen Freiflug.**
Keine Voliere ist so groß, dass sie den täglichen Freiflug ersetzen kann. Morgens und abends jeweils mindestens zwei Stunden Freiflug sind wichtig für das Wohlbefinden unserer Flugakrobaten. Das Freiflugzimmer sollte nach Expertenmeinung mindestens 20 m² groß sein. Ich beziehe mich hier auf die sogenannte EXOPET-Studie. Mein Raum ist mehr als doppelt so groß und ich würde mir wünschen, er wäre noch größer. So rasant und spektakulär sind die Flugmanöver! Höhe und Länge des Raums werden voll genutzt. Als absolute Flugkünstler und Akrobaten der Lüfte benötigen sie sehr viel Platz, Gelegenheit und Anreiz zum Fliegen.

**Meine Vögel finden ihre Voliere so toll, dass sie sie gar nicht verlassen möchten.**
Verlassen die Vögel ihre Voliere nie, sind sie in aller Regel zu ängstlich, um ihre Umgebung zu erkunden. Jetzt sind wir als Halter gefragt. Wir sollten den Vögeln dabei helfen, Vertrauen in sich und ihr Umfeld aufzubauen. Dazu brauchen wir all unsere Geduld und Liebe. Erliegen Sie niemals der Versuchung, die Vögel aus ihrer Voliere zu scheuchen. Das verschärft die Problematik und der Schuss geht garantiert nach hinten los. Nach einer solchen Übergriffigkeit könnten sich die Nymphensittiche noch nicht einmal mehr in ihrer Voliere ein klein wenig sicher fühlen. Ein wahres Desaster für die sensiblen, verängstigten Tiere.

Unglaublich viele Aspekte sind bei der Vogelhaltung zu beachten. Versteckte Fallstricke und Missverständnisse lauern überall. Irritationen sind vorprogrammiert, guter Rat ist teuer. Um Licht ins Dunkel zu bringen und wichtige Tierschutzaspekte ins Blickfeld zu rücken, wurde das Bundesministerium für Ernährung und Landwirtschaft (BMEL) aktiv. Eine ausführliche Analyse der derzeitigen Haltungsbedingungen von Papageien und Sittichen, sowie ein Anforderungskatalog an uns Halter wurde von Vogelexperten durchgeführt und in der oben bereits erwähnten EXOPET-Studie dokumentiert. Und wir Nymphensittichhalter dürfen uns freuen: die Experten haben explizit für unsere kleinen Kakadus verschiedene Problemfelder detailliert beleuchtet und Lösungen aufgezeigt. Ist Ihr Interesse an dieser Studie geweckt? (www.exopet-studie.de).

### Größe der Innenvoliere gemäß EXOPET-Studie

*Für die tiergerechte Haltung von einem Paar Nymphensittichen wird eine Mindestgröße von 150 x 100 x 100 cm (Länge x Breite x Innenhöhe) zusätzlich zum täglichen Freiflug gefordert. Für jedes weitere Paar erhöht sich diese Grundfläche um jeweils 50%. Ein Vergleichswert: Der BNA (Bundesverband für fachgerechten Natur- und Artenschutz e. V.) empfiehlt als Größe mindestens 150 x 70 x 100 cm, was also den Vorgaben der Studie nahe kommt.*

*Den Vögeln müssen Sitzplätze zur Verfügung stehen, die deutlich oberhalb unserer eigenen Augenhöhe liegen. Für die Flucht- und Beutetiere reduziert es den Stresspegel deutlich, wenn sie von einer erhöhten Position ihre Umgebung gut im Blick behalten können. Die Voliere muss also entsprechend hoch sein. Mit 220 cm hat meine Voliere für meine Vögel und mich eine gute Höhe. Die Vögel sitzen deutlich über mir und dennoch kann ich Sitzstangen und Spielzeug bei meinen täglichen Reinigungsarbeiten noch ausreichend gut erreichen.*

*Es könnte schwierig werden, eine geeignete Voliere „von der Stange" zu finden. Die Lösung heißt entweder selbst eine Voliere zu bauen oder einen Volierenbauer damit zu beauftragen. Die Vorteile liegen auf der Hand, denn in beiden Fällen passt die Voliere so genau wie ein Maßanzug. Kein wertvoller Raum des Zimmers wird ungenutzt verschenkt, denn eine Voliere kann tatsächlich nie zu groß sein. Je mehr Platz unseren Vögeln zur Verfügung steht, desto aktiver sind sie.*

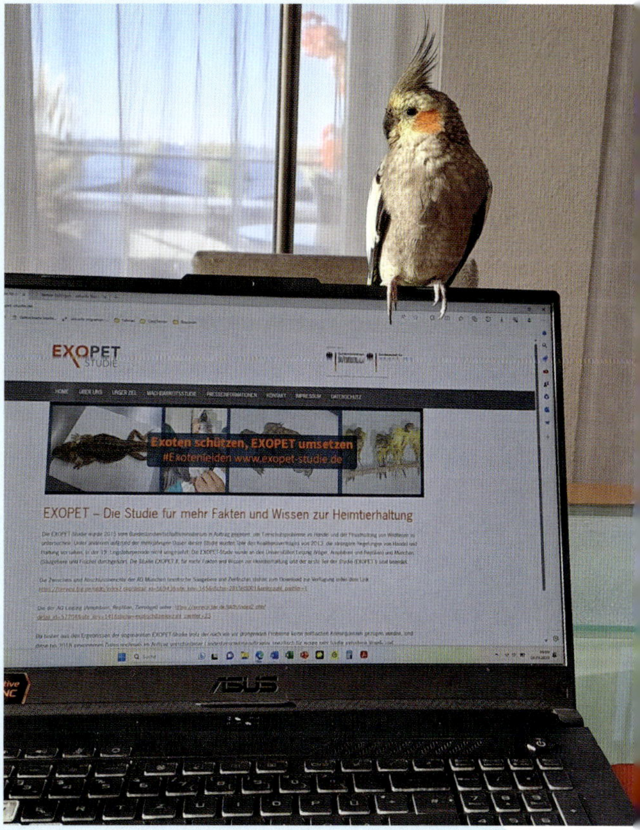

# 5. Nicht kleckern, sondern klotzen – die Unterbringung

**So sieht es aus, wenn Nymphensittiche zu wenig Raum haben**

Ist der Raum zu beengt, klettern die Vögel anstatt zu fliegen oder sitzen stundenlang auf einem Platz. Nichts entdecken zu können ist für die intelligenten Tiere öde. Langeweile macht sich breit und dominiert ihren Tag. Die Folgen können Verhaltensstörungen wie Rupfen und Schreien sein. Das Fehlen dieser beiden Verhaltensformen bedeutet allerdings nicht automatisch, dass sich die Vögel mit einer viel zu kleinen Behausung arrangiert haben. Viele resignieren und leiden stumm. Das möchten wir als engagierte Halter natürlich unbedingt vermeiden und überlassen bei der Planung der "Villa Nymph" nichts dem Zufall.

*Viel Platz, viel Aktivität – Wenig Platz, wenig Aktivität.*

### 5.1.2. Tipps für den Bau einer Innenvoliere

- Die Voliere sollte eine rechteckige Grundfläche haben. Vielleicht haben Sie die Möglichkeit, in einem Zimmereck die Voliere in L-Form zu erweitern? Ein solcher Appendix würde den Vögeln die Möglichkeit geben, sich besser aus dem Weg zu gehen, und Ihnen viele spannende Türen bei der Einrichtung eröffnen. Rundkäfige stellen gravierende Haltungsfehler dar!
- Das Volierendach sollte keine Rundungen oder Abschrägungen haben. Diese nehmen im Innenraum Platz weg und minimieren die Anzahl der beliebten oberen Sitzplätze.
- Eine geschlossene Rückwand verhindert übermäßige Verschmutzung der dahinterliegenden Zimmerwand und im Spalt zwischen Voliere und Wand.
- Eine vertikale Verdrahtung sollte vermieden werden. Das Klettern an vertikaler Verdrahtung kann zu Deformierungen des Schnabels führen!
- Die Abstände dürfen nicht größer als 19x19 mm sein. Bei größeren Abständen besteht Verletzungsgefahr.

- **Problemfeld Verdrahtung**

  Ausschließlich vertikal verlaufende Gitterstäbe, Behausungen mit weißen Gittern, sowie verzinkte oder mit Kunststoff überzogene Gitter sind nicht geeignet. Das Volierenmaterial darf nicht giftig sein! Die im Handel befindlichen Volieren sind häufig pulverbeschichtet. Diese Beschichtung wird durch mechanische Einflüsse abgerieben und spätestens das darunter befindliche Material ist giftig. Nicht wenige Metallvergiftungen enden tödlich.

- Edelstahl ist optimal für die Verdrahtung, aber auch der galvanisch verzinkte Esafort-Volierendraht ist empfehlenswert. Aufpassen muss man allerdings, dass er keine Zinknasen hat. Diese sind giftig!

- Das Konstruktionsmaterial darf nicht toxisch sein. Edelstahl- und Aluminium-Konstruktionen sind unbedenklich. Bei der Verwendung von Kanthölzern sollten Sie ein unbehandeltes Hartholz verwenden. Dieses hält dem natürlichen Nagetrieb seiner Bewohner deutlich länger stand.
- Ausflugklappen lassen sich in Anzahl, Größe und Lage dort einplanen, wo sie auch gebraucht werden. Höher gelegene Klappen erleichtern den Vögeln das Ein- und Ausfliegen.
- Der Einbau eines oder mehrerer Futtertableaus erlaubt die Fütterung von außen. Das kann bei kranken oder ängstlichen Vögeln, beziehungsweise während einer Urlaubsbetreuung durch den tierlieben Nachbarn, sinnvoll sein. Doch aufgepasst: Die beim Herausdrehen entstehenden Öffnungen sind groß genug, dass Vögel entweichen können. Deshalb bitte immer alle Fenster schließen!
- Bei sich ändernden Anforderungen kann eine Voliere aus einzelnen Rahmenteilen beliebig erweitert oder an die neue räumliche Situation angepasst werden. Dies kann nach einem Umzug sinnvoll sein, oder wenn ein weiteres Paar Nymphensittiche einzieht.
- Der Schmutzfang im Bodenbereich verhindert, dass die Einstreu im ganzen Raum verteilt wird.
- Eine Bodenmatte unter der Voliere schützt den Bodenbelag vor groben Verunreinigungen und Kratzern.
- Der Innenraum muss für die täglichen Reinigungsarbeiten gut zugänglich sein. Meine begehbare, bodenhohe Voliere erweist sich diesbezüglich als sehr praktisch. Mittlerweile habe ich aufgehört mich darüber zu wundern, an welchen Stellen sich Gemüsereste und Kot wiederfinden.
- Trotz allen Inventars und Spielzeugs muss ausreichend Bewegungsraum zum Flattern und Fliegen vorhanden sein.

### 5.1.3. Schöner Wohnen – die Einrichtung

Die Traumvoliere ist aufgebaut und sie erscheint Ihnen viel zu groß für Ihre zierlichen Kakadus? Man lässt sich da tatsächlich gerne täuschen. Bis das notwendige Nymphie-Mobiliar eingeräumt ist, werden Sie sich vielleicht wundern, wie viel Platz es einnimmt. Sehen Sie selbst:

#### Sitzplätze

Jedem Paar sollten mindestens zwei Schlafplätze zur Verfügung stehen. Sie brauchen stets eine Wahlmöglichkeit, denn nicht jedes Vogelpaar schläft immer Flügel an Flügel. In luftiger Höhe und vor der geschlossenen Rückwand fühlen sich die Gefiederten am sichersten. Dort ist der beste Ort für die Schlafplätze. Die Schlafstangen sollten ein offenes Ende haben. Am besten geeignet sind Naturäste unterschiedlichen Durchmessers mit Rinde. Hinzu kommen mindestens zwei weitere Sitzplätze auf unterschiedlichen Höhen und ein beweglicher Sitzplatz, z. B. eine Schaukel, ein Seil oder eine Leiter.

#### Gesunde Füße

Verschiedene Astdurchmesser und -materialien halten die Füße fit und gesund. Bei unseren kleinen Australiern erfreuen sich Korkäste, -röhren und -bretter zum Sitzen und Beknabbern großer Beliebtheit. Hinzu kommen Korkenzieherhasel und -weide, Weinreben, Liane und Obstbäume. Diese Äste bieten hervorragende Möglichkeiten zum Klettern und Sitzen. Sie unterscheiden sich in Dicke, Form und Oberflächentextur. Die perfekte Kombination für die Füße. Die empfindlichen Fußsohlen werden vor Überbeanspruchungen durch die immer gleiche Sitzhaltung bewahrt. Daher sind Stangen aus Kunststoff oder maschinell gedrechseltem Holz völlig ungeeignet. Der Vogelfuß wird auf den gleichmäßig geformten Stangen den lieben langen Tag und die ganze Nacht gleich beansprucht. Das ist nicht nur sehr unangenehm, wie sich jeder mit Sicherheit gut vorstellen kann. Es birgt die Gefahr von sehr schmerzhaften Fußballen-Entzündungen, aus denen schließlich Geschwüre werden können.

*Varianz für gesunde Füße.*

**Diese Sitzplätze sind nicht geeignet**

*Weniger als zwei Sitzgelegenheiten für ein Paar, mit Sandpapier beschichtete Stangen und Zementstangen sind laut den Experten der EXOPET-Studie ungeeignet!*

Äste und Zweige tauschen wir regelmäßig aus. Kleine Knubbelchen und Verästelungen erfreuen nicht nur die Füße, sondern dienen auch der Schnabelpflege. Häufig sind es die kleinsten Verästelungen, die immer wieder Interesse wecken. Falco bearbeitet sie gerne lange mit seinem Schnabel. Das findet dann natürlich Nachahmer bei den Schwarmkollegen. Aus der aus unserer menschlichen Sicht sehr banalen Verästelung ist im Handumdrehen ein tolles Beschäftigungsmaterial geworden. Manchmal sind es tatsächlich gerade die ganz einfachen, kleinen Dinge des Alltags, die bei unseren Vögelchen hoch im Kurs stehen.

**Kleiner Exkurs in den Loro Parque**

*Im Loro Parque, der artenreichsten Papageien-Sammlung weltweit, hat man die Erfahrung gemacht, dass der Austausch von Sitzästen sogar das Verhalten ändern kann. Laut Rafael Zamora Padrón, dem Wissenschaftlichen Direktor des Parks, kann dieser neue Reiz manchmal kleine Wunder bewirken. Bei einer Großpapageienart konnte er sogar Aggressionen mindern.*

### Näpfe für die Paarhaltung oder für kleine Schwärme

Pro Schnabel sollte in der Voliere mindestens ein Futternapf angeboten werden. Hinzu kommt ein zusätzlicher Napf. Für ein Paar bedeutet das als Faustformel in Zahlen ausgedrückt 2+1, also drei Futternäpfe. Hinzu kommt noch der Napf für die Frischkost (Gemüse, Kräuter) sowie einer für das Trinkwasser. Auch bei den Getränken können wir die Vögel mit Abwechslung erfreuen. Bieten Sie doch einfach zusätzlich zum Wasser auch einmal einen verdünnten Kräutertee oder einen Gemüsesaft an. Kamillentee und Möhrensaft stehen häufig hoch im Kurs. Rechnet man alles zusammen, so empfiehlt es sich, für ein Paar Nymphensittiche bereits fünf oder sechs Näpfe bereitzustellen, gerne an unterschiedlichen Standorten in der Voliere. Bei größeren Gruppen kann die Zahl der Näpfe natürlich nicht linear nach oben erhöht werden, ansonsten ist die Voliere voller Näpfe. Es sind dann andere, größere Maße je Napf zu wählen, so dass mehrere Vögel gleichzeitig daraus futtern und trinken können. Bitte verwenden Sie aus hygienischen Gründen Edelstahlnäpfe.

### Baden und Duschen

Baden und duschen tut den staubigen kleinen Gesellen nicht nur während der Mauser gut. Es pflegt Haut und Gefieder und verhilft dem Gefieder zu seinem natürlichen Glanz. Daher sollten wir immer eine Badewanne zur Verfügung stellen. Viele Vögel bevorzugen es zu duschen, oder nutzen sowohl die Badewanne als auch das Duschangebot. Die meisten kleinen Australier stehen dem erfrischenden Nass erstmal skeptisch gegenüber. Was der Vogel nicht kennt, ist für ihn erstmal gruselig. Da brauchen wir sehr viel Geduld. Eine erfrischende Dusche biete ich alle zwei bis drei Tage an. Manchmal sind alle Vögel sofort mit von der Partie, ein anderes Mal keiner. Sie entscheiden immer selbst, ob sie mitmachen möchten oder nicht. Zum Einsprühen eignet sich eine Blumenspritze hervorragend. Diese wird natürlich ausschließlich für diesen Zweck verwendet und nach jeder Verwendung leergespritzt und an einem

*Duschen macht Spass.*

gut belüfteten Ort abgelegt, um sie trocknen zu lassen. Bei der nächsten Dusche ist es wichtig, mit den ersten Sprühstößen die Spritze nochmals gut durchzuspülen. Als Badewanne sind Glas- und Edelstahlwannen hygienisch und gleichermaßen beliebt.

### Schälchen und Co

Ein paar vermeintliche Kleinigkeiten fehlen noch in unserer Innenvoliere. Ein kleines Schälchen für die Grit-Magensteinchen, die Sepiaschale und ein Mineralstein suchen noch ihren Platz.

### „Alles Gute kommt von oben."

So auch der Kot, vor dessen Verunreinigung die Näpfe, Schälchen und Wannen geschützt werden müssen. Bei der Einrichtung sollten wir Näpfe und Co so versetzen, dass sich oberhalb davon kein Sitzplatz befindet.

### Boden

Die wilden Nymphensittiche Australiens suchen ihr Futter zum größten Teil auf dem Boden. So ist es einfach zu erklären, dass auch unsere Heimvögel häufig dort unterwegs sind. Eine Fütterung, bei der wir das Futter einfach auf dem kompletten Boden verteilen, wäre also am nächsten am Vorbild der wilden Nymphensittiche im Outback Australiens. Aus hygienisch naheliegenden Gründen scheidet diese Art der Fütterung natürlich aus. Leider haben wir keine riesige Fläche zur Verfügung, auf der die Ausscheidungen des einzelnen Vogels nicht ins Gewicht fallen. Dennoch sollten wir natürlich versuchen, den Boden so zu gestalten, dass er auf der einen Seite hygienisch ist, auf der anderen Seite aber auch dem natürlichen Verhalten gerecht wird.

Gitterböden erfüllen sicherlich die hygienischen Anforderungen recht gut. Aber mal ganz ehrlich: Unnatürlicher geht es meiner Meinung nach wirklich nicht. Das natürliche Verhalten der Nahrungssuche auf dem Boden kann nicht ausgelebt werden und zusätzlich besteht ein erhöhtes Verletzungsrisiko. Gitterböden scheiden also aus. Stattdessen begeben wir uns auf die Suche nach einer geeigneten Einstreu.

### Einstreu

Eine gute Einstreu dient neben der ansprechenden Optik auch, und insbesondere, der Beschäftigung und dem Wohlbefinden unserer gefiederten Mitbewohner. Sie wird von den Bodenfressern nach Herzenslust auf der Suche nach einem kleinen Leckerbissen durchwühlt. Die Einstreu wird zum Abenteuerspielplatz. Meine vier kleinen Kakadus erkunden täglich mehrmals den Boden. Egal, ob im großen Freiflugzimmer oder in der Voliere: ausgedehnte Erkundungsgänge sind angesagt. Molly durchstreift mit einer unglaublichen Ausdauer mehrmals am Tag ihr ganzes Reich. Sucht man sie vergeblich, sind die Chancen recht groß, dass man auf dem Boden fündig wird. Und ihr Eifer wird auch häufig belohnt: wo Molly ist, ist meistens auch irgendwo ein heruntergefallenes Körnchen, das nur darauf wartet, von ihr gefunden zu werden.

Eine große Wühlschüssel erfreut sich größter Beliebtheit. Um die größtmögliche Hygiene mit dem maximalen Spaß zu verbinden, brauchen wir in der Voliere einen Platz, der nicht von darüber befindlichen Sitzstangen, Schaukeln oder Näpfen aus verunreinigt werden kann. Um keine Gefahren für die empfindlichen Atmungsorgane von Vogel und Halter heraufzubeschwören, sollte die Einstreu möglichst frei von Staub sein. Grund genug für mich, dass ich staubbelastete Varianten wie Heu, Stroh und Vogelsand nicht verwende. Bei Heu und Stroh haben wir zusätzlich ein erhöhtes Risiko, Umweltkeime wie Parasiten und Pilze einzuschleppen. Gegen den Einsatz von hygienisch einwandfreiem Stroh in einem Spielzeug spricht natürlich nichts.

## Einstreuvarianten

***Zeitungspapier*** *ist optimal unter Sitzplätzen, Futternäpfen und anderen stark beanspruchten Stellen einsetzbar. Meist ist es zum Nulltarif von Nachbarn oder Freunden zu bekommen und sehr schnell gewechselt. Keinerlei Sorgen müssen uns die verwendeten Druckfarben machen. Es ist richtig, dass diese in der Vergangenheit toxisch waren. Mittlerweile ist dies längst verboten, so dass wir es gefahrlos verwenden können. Ein großer Pluspunkt ist, dass die Exkremente täglich sehr gut beurteilt werden können. Ein nicht zu vernachlässigender Punkt. Kotveränderungen können Anzeichen für eine schwere Erkrankung sein. Gegen Flattern sollten wir das Zeitungspapier sichern und mit Naturästen beschweren. Diese werden als kleiner Abenteuerspielplatz gerne angenommen und erkundet.*

***Buchenholzgranulat, Mais- und Hanfeinstreu*** *sind allesamt staubarm und saugfähig. In allen drei Einstreumaterialien können die Vögel hervorragend wühlen und scharren.*

***Buchenholzgranulat*** *wird gerne benagt. Insbesondere Falco, der häufig mit dem einen oder anderen Spielzeug im Schnabel spazieren geht, nimmt gerne eines dieser Holzstückchen und beschäftigt sich eingehend damit. Dieses Verhalten konnte ich bei den beiden Einstreualternativen aus Mais und Hanf noch nie beobachten.*

***Mais- und besonders Hanfeinstreu*** *sind sehr viel weicher und bieten einen besseren Federungseffekt. Die sehr kleinteilige Hanfeinstreu macht es den Vögeln nicht leicht, ein darin verstecktes Leckerchen zu finden. Gemeinsam ist allen drei Einstreuarten, dass es schwierig bis nahezu unmöglich ist, die Ausscheidungen der Vögel gut zu beurteilen. Verunreinigungen durch Kot und Futterreste sind weniger auffallend, so dass auf den regelmäßigen Austausch ein besonderes Augenmerk gelegt werden muss.*

*Buchenholzgranulat wird von allen gerne durchwühlt.*

## 5.2. Gesundbrunnen und Wohlfühloase - die Außenvoliere

Die Sonne lässt unser Stimmungsbarometer steigen und bringt die wundervolle Farbenpracht der Natur erst richtig zum Leuchten. Ein wahrer Hochgenuss, den wir immer wieder aufs Neue in vollen Zügen genießen. Unseren gefiederten Freunden geht es in diesem Punkt ganz genauso. Der Aufenthalt im Freien ist für sie kein reiner Luxus. Er ist eine spannende Bereicherung des Alltags und in ganz besonderem Maß wichtig für die Gesundheit. Gleichzeitig eröffnet sich für unsere Nymphensittiche im Außenraum ein deutlich größeres Farbspektrum, denn ihre Augen sehen die Welt im wahrsten Sinne des Wortes anders als unsere menschlichen.

### *Faszination Vogelauge*

- *Das Auge stellt laut Prof. Dr. Dr. Rüdiger Korbel für Vögel das wichtigste Sinnesorgan dar. Vergleiche mit dem menschlichen Auge veranschaulichen recht gut die Unterschiede, sind allerdings auch irreführend.*
- *Die Augen unserer tagaktiven Papageien und Kakadus haben die Fähigkeit zur Ultravioletten-Sicht. Die meisten tagaktiven Vögel sehen Strahlungen in einem Wellenbereich von 320 bis 680 Nanometer (der Mensch im Bereich zwischen 400 bis 680 Nanometern). Untersuchungen belegen, dass dieses völlig andere Sehen eine bedeutende Rolle bei Balz und Partnerwahl spielt. Die Geschlechtsdifferenzierung bei etlichen Vogelarten ist für das menschliche Auge nicht möglich. Andere Vögel erkennen aufgrund ihres anderen Sehens jedoch sofort, ob es sich bei einem unbekannten Vogel um ein weibliches oder ein männliches Tier handelt. Darüber hinaus lässt UV-Strahlung Vögel den Reifegrad von Obst und Gemüse erkennen.*
- *Manchmal tue ich mich sehr schwer damit herauszufinden, was meine Vögel so aufmerksam beobachten. Vielleicht kennen Sie das? Die Ursache ist einfach: Vogelaugen haben ein deut-*

Vielleicht hinkt der Vergleich ein wenig, aber ohne UV-Strahlung sehen unsere Vögel nicht die komplette Farbpalette.

*lich besseres Auflösungsvermögen. Sie erkennen damit beispielsweise andere Vögel deutlich früher als wir.*

- *Der Sehwinkel beträgt bei Vögeln teilweise bis zu 360°, ermöglicht also eine Rundumsicht. Das Sichtfeld von uns Menschen ist mit 45-55° vergleichsweise klein.*
- *Das Vogelauge kann extrem langsame Bewegungen von nur 15° pro Stunde erkennen. So unglaublich es klingen mag: Sie können damit den Lauf der Sonne sehen und registrieren. Außerdem befähigt es sie Beutegreifer, die sich anschleichen, frühzeitig zu erkennen.*
- *Das Vogelauge sieht pro Sekunde bis zu 180 Bilder. Menschen erkennen, je nach Bildkontrast und -helligkeit, 10 bis 70 Bilder pro Sekunde. Ein extrem wichtiger Aspekt bei der Auswahl der richtigen Beleuchtung im Innenraum. Lampen müssen also nicht nur UV-Strahlung emittieren, sondern müssen auch flickerfrei sein.*

Die Bedeutung von UV-Licht für Körper und Gesundheit ist enorm. Es wird dringend für die Aufnahme lebenswichtiger Mineralien wie Kalzium benötigt. Der Aufenthalt an der frischen Luft, und erst recht die Bewegung an der frischen Luft, stärkt das Immunsystem und trägt wesentlich dazu bei, dass der Respirationstrakt (Atmungstrakt) der Vögel gesund bleibt. Auch das hübsche Federkleid braucht UV-Strahlung, um sich in seiner ganzen Pracht entwickeln zu können. Das Gefieder von Nico war, als der Kleine bei mir eingezogen ist, stumpf und glanzlos. Mittlerweile ist davon nichts mehr zu sehen. Es glänzt und sieht gesund aus.

Neben diesen gesundheitlichen Aspekten gestaltet sich ein Aufenthalt in der Außenvoliere für Heimvögel deutlich spannender und abwechslungsreicher als im Innenraum. Sie lieben es, ihre Umwelt zu beobachten. Und da gibt es draußen jede Menge zu sehen. Seien es die Wildvögel oder die vorbeiziehenden Wolken. Das Fliegen im Wind und insbesondere bei böigem Wind ist anspruchsvoll und will gelernt werden. So trainieren unsere Heimvögel nicht nur ihre Kondition, sondern auch ihre Koordination. Als Nico und Falco ihre ersten Aufenthalte im Freien hatten, war das für sie unfassbar spannend. Bereits eine leichte Brise Wind, die sanft mit ihren Federchen spielte, versetzte sie in wohliges Erstaunen. Dabei beobachteten sie aufmerksam ihre Umgebung. Was sie wohl in diesen Stunden alles für sich entdeckt haben? Wie war es für sie, das erste Mal in der Sonne zu sitzen und die Welt in ihrer ganzen Farbenpracht zu sehen? Leider werde ich das nie nachempfinden können. Ich spürte jedoch deutlich, wie all diese neuen Eindrücke in ihren Köpfen arbeiteten. Auf Anhieb fühlten sie sich draußen an der frischen Luft rundum "Nymphenwohl"!

***Vögel brauchen Sonne und frische Luft:***

*Das Immunsystem wird gestärkt, der Atmungstrakt bleibt gesund und die Vögel können durch die UV-Strahlung das komplette Farbspektrum erkennen. Die vielfältigen Umweltreize im Freien dienen der wichtigen Beschäftigung und dem Wohlbefinden unserer geliebten Nymphensittiche.*

Lange bevor Molly und Lotte bei mir eingezogen sind, trug ich Nico und Falco in einem recht leichten Käfig mit den Abmessungen 1,00m x 0,50m x 1,00m (Länge x Breite x Höhe) für einen kleinen Aufenthalt an der frischen Luft auf die Dachterrasse. Eine wirklich sehr hohe Schwelle verhinderte es, ein größeres Käfigmodell nach draußen zu schieben. Nico und

Falco verknüpften mit diesem Käfig ihren Aufenthalt an der frischen Luft. Sowie sie mich, bzw. ihr kleines Außen-Domizil sahen, kamen sie blitzschnell angeflogen. Im Handumdrehen saßen sie drin, und ihr ganz persönliches Entspannungs- und Erlebnisprogramm konnte starten. Diese sehr übersichtliche Unterbringung genügte natürlich keineswegs für einen längeren Aufenthalt an der frischen Luft und war damit nur als Provisorium gedacht. Die Vögel sollten nun auch die Möglichkeit bekommen, draußen zu fliegen. Der Plan stand und wurde mithilfe eines Volierenbauers direkt in die Tat umgesetzt. Nach dem Motto „nicht kleckern, sondern klotzen" errichteten wir eine Voliere mit den Abmessungen von 4,00m × 2,00m × 2,40m (Länge x Breite x Höhe). Die Nymphensittiche waren vom ersten Tag an begeistert. Während Falco gleich damit begann, das neue Außen-Domizil zu untersuchen, schaute sich Nico einfach nur um. Ich hatte seinen heißgeliebten Trainingsständer mit nach draußen genommen und ihn darauf abgesetzt. Er kam scheinbar aus dem Staunen nicht mehr heraus. Fast kam es mir vor, als würde er schüchtern und etwas ungläubig fragen: „Und das ist jetzt wirklich alles für uns?"

Bei meiner ganz persönlichen Wohlfühlzeit mit Nico und Falco brauche ich keine Abstriche zu machen. Die Voliere hat ausreichend viel Platz für einen kleinen Tisch mit Stühlen. Fast unnötig zu erwähnen, dass das Außen-Domizil der Vögel das Zeug zum Lieblingsort für mich und meine gefiederten Freunde hat. Anmerken möchte ich aber, dass Nico und Falco durch das tägliche Clickertraining damals bereits neben einem recht guten Selbstbewusstsein auch zu mir großes Vertrauen aufgebaut hatten. Bei ängstlichen Vögeln muss man eventuell eine gute Portion Geduld aufbringen, bis die Vögel den Schritt in ihre Außenvoliere wagen. Dies wird sich auf jeden Fall auszahlen, denn früher oder später siegt die Neugier und ein erster Nymphensittich riskiert den Schritt ins Freie. Motivation für alle Schwarm-Kollegen, es ihm gleichzutun und ebenfalls in den Genuss von frischer Luft und Sonne zu kommen.

*Platz zum Fliegen und für mich*

## 5.2.1. Tipps für den Bau einer Außenvoliere

- Die Blendwirkung einer hellen, glänzenden Volierenverdrahtung kann sehr unangenehm für die Augen der Vögel und unsere eigenen sein. Pulverbeschichtete Esafortverdrahtungen und Aluprofile sind in verschiedenen Farben erhältlich. Viele Vogelparks und Zoos setzen auf eine schwarze Verdrahtung. Dieser Ansatz war für mich überzeugend. Auch bei strahlendem Sonnenschein kann ich die Gefiederten bestens beobachten. Diese erfreuen sich an einem störungsfreien Blick, soweit die Äuglein reichen.

*Blendfrei, dank der schwarzen Verdrahtung.*

- Der Windlast müssen wir Rechnung tragen und unsere Voliere an der Hauswand oder auf dem Boden sicher befestigen. Insbesondere beim Einsatz von geschlossenen Dach- und Wandelementen treten enorme Kräfte auf, die eine gesonderte Betrachtung erforderlich machen.
- Die Bereiche unterhalb von Sitz- und Futterstellen werden sehr stark verschmutzt. Damit sie stets hygienisch gehalten werden können, empfehlen sich einfach zu reinigende, glatte Böden.
- Als Bodenfresser lieben es unsere Nymphensittiche, sich auf einem natürlichen Boden frische Gräser, Kräuter und Blüten zu erarbeiten. Eine tolle, gesunde Beschäftigung!
- Vor Nagetieren, die den Vögeln gefährlich werden könnten, schützen Gittermatten, die man im Abstand von mindestens 5 cm unterhalb der Oberkante des natürlichen Bodens der Voliere verlegen kann.
- Der Zugang vom Vogelzimmer zur Außenvoliere erfolgt für die Vögel durch eine Klappe. Oben angebracht, fällt es den kleinen Kakadus leichter von innen nach außen zu gehen und umgekehrt.
- Der Zugang zur Außenvoliere erfolgt für uns Halter entweder durch eine Tür vom Innenraum direkt in die Voliere, oder durch eine Schleuse vom Außenraum aus. Ein direkter äußerer Zugang wird aller Wahrscheinlichkeit nach irgendwann dazu führen, dass einer Ihrer geliebten kleinen Kakadus entfliegt. Im Gegensatz zu anderen Tieren wird dieser den Weg nach Hause nicht finden. Ob Sie ihn nach jeder Menge Stress, Selbstvorwürfen und schlaflosen Nächten wiederfinden, ist fraglich.
- Eine Gartenvoliere kann man hervorragend auf einem Streifenfundament oder einer betonierten Bodenplatte errichten. Alternativ kommen Unterbauten aus Kanthölzern oder Aluminiumprofilen in Frage.
- Für Volieren auf Balkonen, Dachterrassen und Loggien sind die Art der Befestigung und der Anschluss an verwinkelte Gebäudeecken abhängig vom Bestand. Ein pfiffiger Volierenbauer hilft hier gerne weiter und findet auch für verzwickte Probleme eine praktikable Lösung.
- Die Einrichtung sollte möglichst abwechslungsreich sein. Im Unterschied zur Innenvoliere kommen Witterungseinflüsse wie Sonne, Wind und Regen hinzu. Diese entscheiden häufig über die Wahl des Sitzplatzes. Nicht jeder Vogel möchte unbedingt bei jedem Regenschauer duschen, oder stets in der Sonne oder im Wind sitzen. Diesen Bedürfnissen tragen wir durch unterschiedlichste Sitzplätze Rechnung. Die Varianz der Dicke, des Durchmessers und der Struktur sorgt für Abwechslung und ein Mehr an Bewegung. Der wichtige Flugraum darf dabei auf keinen Fall verbaut werden. Er muss stets zu wilden Flugmanövern einladen, und kann gar nicht groß genug sein.

*Varianz bei Sitzplätzen und viel Platz zum Fliegen.*

### 5.2.2. Schatten

***Platz an der Sonne oder doch lieber Schatten?***

*Auch wenn die Urahnen unserer kleinen gefiederten Lieblinge aus dem heißen Outback Australiens stammen, sind sie dennoch nicht so hitzeresistent, wie man vermuten würde. Sie müssen stets selbst die Wahl zwischen Sonnen- und Schattenplätzen treffen können.*

**Vollschatten und wassergeschützt**

Ist die Voliere geräumig genug, können wir einen Teil mit einem geschlossenen Dach, beispielsweise einem Alu-Trapezblech, abschließen. Vorteilhaft ist, dass wir gleichzeitig einen geschützten, trockenen Bereich haben. Der Nachteil ist jedoch die fehlende

*Natürlicher Schatten am Lieblingsplatz.*

Flexibilität im Jahresverlauf und die Problematik, dass der Schatten häufig dort ist, wo man ihn am wenigsten braucht. An warmen Wintertagen möchten die Vögel stets in der Sonne sitzen, während sie an heißen Sommertagen nur früh morgens ihre Sonnenplätze aufsuchen. Für die Pflege des Gefieders wird gerne eine Naturdusche genutzt. Diese wird mit einem komplett geschlossenen Dach nur noch bei Wind an der Seitenwand stattfinden können.

### Halbschatten und wasserdurchlässig

Als Schattenspender werden gerne Sichtschutzmatten aus Weide oder Bambus verwendet. Doch wie so oft steckt der Teufel hier einmal mehr im Detail: Bei den meisten Matten sind die einzelnen Zweige und Halme mit verzinktem Draht verwebt. Dieser ist giftig und könnte von einem neugierigen gefiederten Freund durch die Verdrahtung hindurch beknabbert werden. Mit ein wenig Suche lassen sich auch Matten finden, die mit Seilen verwebt sind. Je nach Größe und Material können die Matten recht sperrig und für eine Einzelperson nicht ganz einfach im Handling sein.

Eine dritte Variante bietet ein Schattiernetz mit einem Schattierwert zwischen 50% und 90%. Diese Netze sind extrem leicht und gut zu händeln. Die jahreszeitlich abhängige Montage und Demontage schaffe ich mühelos alleine. Achten Sie bei dieser Variante darauf, dass Sie ein Netz mit Edelstahlösen finden. Unsere Voliere steht zum Teil unterhalb eines Gebäudedaches. Bei hohem Sonnenstand in der warmen Jahreszeit profitieren die Nymphensittiche von seinem Schatten. In einem anderen Teil der Voliere sorgt ein Schattiernetz mit einem Schattierwert von 50% für einen angenehmen Halbschatten. Das Netz ist sowohl luft- als auch wasserdurchlässig. Die gute Durchlüftung verhindert einen Hitzestau und kostbares Regenwasser kommt bei der Begrünung an. Auch bei stärkeren Winden beginnt das Netz dank seiner hohen Winddurchlässigkeit nicht zu flattern.

### Schatten im Sommer und Sonne im Winter

Die natürlichste Art für Schatten zu sorgen ist der Einsatz von Pflanzen. Bei der Verwendung von Laubabwerfenden Rankpflanzen für die Volierenwände oder -dächer können sich die kleinen Kakadus in der warmen Jahreszeit über schöne Schattenplätze und in der kühlen Jahreszeit über tolle Sonnenplätze freuen. Auf das Beranken des Daches habe ich verzichtet, denn aufgrund der Volierenabmessungen könnte ich die Pflanze nicht pflegen. Sie wäre im wahrsten Sinne des Wortes unerreichbar. Das sich stetig erhöhende Eigengewicht könnte ebenfalls zum Problem werden.

**Gesunde Leckerbissen selbst geerntet**

So schmecken die saisonalen gesunden Leckereien aus der Natur am besten.

*Die Bepflanzung mit Bio-Bäumen, Sträuchern, Gräsern und Kräutern bietet viel gesunde Beschäftigung.*

Für den Schatten auf der Südseite sorgt bei meinen kleinen Kakadus eine Weinrebe. Sie ist für Vögel völlig unbedenklich und so schadet es maximal nur der Pflanze, wenn die kleinen gefiederten Bewohner einen Trieb abknipsen. Pro laufenden Meter sollte man 1 Weinstock kalkulieren. Weinpflanzen sind bei ausreichend guten Bedingungen starkwüchsig und erfreuen damit unsere Heimvögel sehr schnell mit ihrem Schatten. Achten Sie beim Kauf bitte darauf, dass es sich um Bio-Qualität handelt. Die Trauben sollten den Vögeln aufgrund ihres hohen Zuckergehalts jedoch nicht gefüttert werden. Daher empfiehlt es sich, die Bepflanzung auf der Außenseite der Voliere vorzunehmen.

### 5.2.3. Bepflanzung

Nichts ist für unsere Nymphensittiche gleichermaßen gesund und spannend, wie die Suche nach einer leckeren Delikatesse der Natur. Das oberste Gebot ist natürlich, dass alle Pflanzen nicht toxisch sind! Als Schattenspender, Sitz- und Knabberbäume erfüllen sie gleich mehrere Bedürfnisse. Beachten Sie aber immer, dass diese nicht den wichtigen Flugraum versperren. Schnittverträgliche Baumarten eignen sich am besten. Mit Weiden habe ich gute Erfahrungen gemacht. Sie sind schnittverträglich und haben zu jeder Jahreszeit etwas zu bieten. Die abgeschnittenen Äste der Korkenzieherweide eignen sich hervorragend als Sitzäste.

Da Nymphensittiche Bodenfresser sind, sollten wir ihnen ermöglichen, dieses Verhalten bestmöglich auszuleben. Bietet es sich da nicht an, dass ein Fest für die Sinne auf dem Boden für gesundes Grünfutter sorgt? Selbst geerntet und immer neu und anders im Laufe der Jahreszeiten. Sie werden sich womöglich wundern, wie lange sich Ihre Vögelchen mit diesen Erkundungsgängen auf eine sehr gesunde Art beschäftigen können. Einziger Wermutstropfen: die hygienischen Anforderungen sind nicht leicht zu erfüllen und nur bei einem großen Raumangebot mit wenigen Individuen einzuhalten.

Bevor Nico und Falco eine Vielzahl ihrer Kräuter selbst ernten konnten, habe ich sie stets in der Natur gesammelt. Immer und immer wieder bot ich ihnen Spitz- und Breitwegerich an. Von anderen Haltern wusste ich, dass ihre Nymphensittiche sich regelrecht wie die Wilden darüber hermachten. Andere Vögel, andere Geschmäcker. Meine beiden Jungs straften Wegerich jahrelang konsequent mit Missachtung. Mit der Möglichkeit, ihn in der Außenvoliere selbst zu ernten, kamen sie letzten Endes dann doch noch auf den Geschmack. Es ist immer wieder zu beobachten, wie sie entweder mit Bedacht eine

Pflanze auswählen oder diese nur zum Spaß schreddern. Und nach dem Vorbild der wilden australischen Artgenossen benutzen sie ihre Schnäbel wie kleine Baggerschaufeln. Das sieht schon unglaublich süß aus. Die Baggerarbeiten dienen meistens dazu, eine leckere Wurzel auszugraben. Manchmal macht es ihnen auch einfach unglaublich viel Spaß, wenn der lockere Boden in hohem Bogen fortspritzt. Unglaublich, in welch kurzer Zeit sie ein ansehnliches Loch gebuddelt haben.

In unserer Voliere wachsen aufgrund der mit 10 cm sehr geringen Substrathöhe nur anspruchslose Pflanzen. In einem Jahr konnten sich meine gefiederten Freunde dennoch über ein paar kleine Kolbenhirse-Pflanzen freuen. Diese waren im Vergleich zu denen, die man im Zubehörhandel kaufen kann, winzig, aber für Nico und Falco ein begehrtes zusätzliches Leckerchen. Da die Kolben trotz allem für meine Vögelchen in unerreichbarer Höhe waren, wurden zuerst diejenigen abgeerntet, die von der Volieren-Verdrahtung aus erreichbar waren. Wahrlich beeindruckend wie lang der Hals eines Nymphensittichs werden kann. Allzu schnell waren die erreichbaren Kolben abgeerntet, und das Interesse an den verbleibenden Hirsekolben wuchs und wuchs. In den nächsten Tagen liefen sie immer wieder um die Kolben herum und reckten ihre Schnäbelchen, soweit es ging, in die Höhe. Doch es fehlten immer ein paar Zentimeter Körpergröße und sie gingen leer aus. Sie gaben nicht auf, denn zu groß war die Versuchung. Als nächstes landeten sie immer wieder auf den kleinen Rispen. Die mickrigen Rispen waren allerdings viel zu schwach, um die Last eines Nymphensittichs tragen zu können. Immer und immer wieder landeten sie darauf und drückten die Leckerei kurz auf den Boden. Da die Nymphchen die Hirse nicht festgehalten hatten, schnellten diese jedoch gleich wieder rasant nach oben und waren abermals unerreichbar. Irgendwann hatte Falco die zündende Idee. Nachdem er zum wiederholten Mal um eines der zarten Pflänzchen herumgelaufen war, wusste er, was zu tun war. Mit seinem kräftigen Schnabel bearbeitete er den Stängel, bis dieser nachgab. Endlich hatte er es geschafft und der leckere Kolben fiel ihm sozusagen direkt vor die Füße. Den hatte er sich aber auch nach all der Mühe wirklich redlich verdient. Ich war richtig stolz auf den cleveren Falco und begeistert, für wie viel Beschäftigung diese wild in der Außenvoliere gewachsene Kolbenhirse sorgte.

### 5.5.4. Wenn alle Stricke reißen

Sie sind traurig, dass Sie Ihren kleinen Kakadus aufgrund Ihrer Wohnsituation keine Außenvoliere bauen können? Möglicherweise funktioniert eine dieser drei Möglichkeiten, damit sich Ihre Vögelchen dennoch über frische Luft und natürliche UV-Strahlung freuen können:

- **Rollvoliere**
  Eine Rollvoliere können Sie mit auf den Balkon oder die Terrasse nehmen. Je größer die Räder sind, desto besser können Sie Höhenunterschiede, Ritzen und Fugen abdämpfen. Eine normale Türschwelle können Sie mit stabilen Rampen überbrücken. Die Voliere sollte so groß wie möglich gewählt werden, damit die Vögel ein wenig flattern können.
- **Fenstervoliere**
  Eine Fenstervoliere wird wie ein Rucksack vor ein Fenster gehängt. Sie erlaubt den Vögeln den Aufenthalt an der frischen Luft ohne ein störendes festes Dach. Gleichzeitig profitieren sie von der Größe des Freiflugzimmers.
- **Fensterverdrahtung**
  Die Vögel erhalten zwar keinen direkten Zugang zum Außenraum, profitieren aber dennoch von der Kraft der Sonne und der frischen Luft.

## 6. Spiel, Spaß, Spannung und Erholung – attraktive Sitzplätze

Die verschiedenen Sitzplätze im Freiflugzimmer dienen einer Fülle unterschiedlicher Bedürfnisse und sind ein Garant für Beschäftigung und Bewegung. Es wird gekuschelt und gespielt, aus dem Fenster geschaut oder eine kleine Siesta gehalten. Den neugierigen Nymphensittichen macht es Spaß, ihre Plätze zu erkunden. Vielleicht gibt es ja eine neue Attraktion in Form eines frischen Astes, eines Spielzeuges oder eines neuen Futterverstecks? Unterschiedliche Reize können wir setzen, indem wir mehrere Sitzplätze anbieten. Unsere Heimvögel kommen so in den Genuss frei zu wählen, welcher Blick für sie am attraktivsten ist, oder auf welchem Ast sie sich gerade am wohlsten fühlen. Mehr Abwechslung und mehr Beschäftigung sind garantiert, wenn wir unsere gefiederten Lieblinge immer wieder mit Änderungen überraschen, die auf das genaueste untersucht werden. Nicht zu vernachlässigen ist auch der Aspekt, dass sie sich viel mehr bewegen, wenn wir es schaffen, tolle Abenteuer- und Pausenplätze anzubieten.

***Von Geduld, Gruppendynamik und Abenteurern***

*Bleiben Sie geduldig, denn es ist völlig normal, dass unsichere, ängstliche Vögel ihre Zeit brauchen, Neues zu erkunden. In einer Gruppe fühlen sich Nymphensittiche spürbar sicherer als in einer paarweisen Haltung. Irgendwann findet sich ein mutiger gefiederter Abenteurer, der den Anfang macht und auf Erkundungstour geht. Die Schwarmmitglieder werden ihm bald folgen, und der Spaß kann beginnen.*

### 6.1. Das mögen unsere kleinen Kakadus - Praxistipps

Damit unsere Nymphensittiche während ihrer Freiflugzeiten voll auf ihre Kosten kommen und uns mit ihrem Entdeckergeist und Tatendrang erfreuen, gilt es ein paar Punkte zu beachten.

- **Genug Platz für alle**

Als Beute- und Schwarmtier verbringen unsere Vögel ihren Tag inmitten ihrer Gruppe. Insbesondere die Ruhephasen werden gemeinsam verbracht, denn die Artgenossen geben jedem Individuum Sicherheit. Diesem Anspruch tragen wir Rechnung, indem wir Freiplätze bereitstellen, die genügend Platz für alle Gruppenmitglieder bieten. Dabei muss auch dem schwächsten Tier ein attraktiver Sitzplatz zur Verfügung stehen.

- **Vögel möchten oben sitzen können**

Es empfiehlt sich, einen Sitzplatz anzubieten, der oberhalb von Wohnzimmerschrank und Gardinenstange liegt. Findet er Gefallen, ist die Chance groß, dass die Nymphensittiche ihn nutzen, um sich einen Überblick über ihr Reich zu verschaffen.

- **Sonnen, kuscheln und genießen**

Sitzplätze am Fenster sind bei meinen gefiederten Freunden sehr beliebt. Sie genießen Aufenthalte an einem möglichst hellen Ort, zum Kuscheln oder um aus dem Fenster zu schauen. Steht vor dem Fenster, durch das gerade die Sonne hinein blinzelt, nur der neue Lieblingssessel, werden unsere kleinen Kakadus diesen vermutlich irgendwann zu ihrem Lieblingsplatz erklären. Wie lange widerstehen sie bei ihrem fröhlichen Beisammensein auf der gemütlichen Lehne der Versuchung, die Nähte einer ausgiebigen Schnabelprobe zu unterziehen? Und landen die Hinterlassenschaften wohl eher auf als hinter dem Sessel? Ich habe auf einen praktischen Versuch verzichtet und meinen Nymphensittichen ihre Sitzplätze so eingerichtet, dass ihnen immer Sonnenplätze zur Verfügung stehen. Das funktioniert bislang ausgezeichnet.

- **Mehr Angebote für mehr Bewegung**

Verschiedene Sitzplätze bieten unterschiedliche Anreize und Beschäftigungsmöglichkeiten. Außerdem ergeben sich immer wieder neue Perspektiven auf ihr Nymphensittich-Reich. Die Vögel werden immer wieder den Platz wechseln und fliegen mehr. Unterschiedliche Astdurchmesser und Materialien setzen weitere Reize. Durch das Anbieten von Futter wird die Attraktivität gesteigert.

- **Zu viel ist wirklich zu viel**

Erinnern wir uns kurz zurück an die wildlebenden Nymphensittiche Australiens: Sie bevorzugen kahle Äste. Das sollten wir bei der Gestaltung von Sitzplätzen stets im Hinterkopf behalten. Ein Sitzplatz sollte nicht zu überladen, sondern licht, offen und einladend sein.

## 6.2. Alltagstauglich und flexibel

Kletterbäume und Spielplätze sind so individuell wie Sie und Ihre Vögel. Sie können einen einzigartigen Kletterbaum nach den Vorlieben Ihrer gefiederten Freunde selbst bauen oder auf eines der zahlreichen Angebote im Fachgeschäft oder Online-Handel zurückgreifen. Die einfachste Art, selbst aktiv zu werden, ist es, einen Christbaumständer zu verwenden. Alternativ funktioniert auch ein stabiler Kunststoffeimer. Darin kann ein Leerrohr einbetoniert werden, oder der Sitzbaum erhält die nötige Stabilität durch eine Kiesschüttung. Egal, für welche Variante Sie sich entscheiden, achten Sie auf jeden Fall darauf, dass die neugierigen Schnäbelchen nicht mit toxischen Materialien in Kontakt kommen können! Beim Kletterbaum selbst sind der Phantasie keine Grenzen gesetzt. Ein kräftiger, verzweigter Ast oder ein kleiner Baum bilden die Basis. Unterschiedliche Gehölze bieten beim Sitzen und Knabbern Abwechslung. Die Verbindung verschiedener Äste kann beispielsweise mittels Lederbänder, Kabelbindern oder Edelstahl-Gewindeschrauben mit Flügel- oder Hutmutter erfolgen.

**_Keine Angst vor dem *Selber-Basteln*_**

*Der Kletterbaum darf nach dem Vorbild der Natur gerne unregelmäßig, krumm und schief werden. So wird er nicht nur sehr individuell, sondern schult Koordination und Gleichgewichtssinn am besten. Lassen Sie die Wasserwaage also getrost im Schrank.*

Wichtig ist immer, dass die Grundkonstruktion eine gewisse Flexibilität ermöglicht und gut zu reinigen ist. Es wäre doch schade, wenn der Sitzplatz für die Vögelchen irgendwann langweilig werden würde. Bei mir hat sich unter anderem auch ein Metall-Freisitz als Grundkonstruktion im Alltag recht gut bewährt. Im Originalzustand hat er nicht viel zu bieten, lässt aber ausreichend Raum für Kreativität. Mit wenigen Handgriffen kann ich diesen Freisitz immer wieder umgestalten. Das gilt nicht nur für die verschiedenen Spiel- und Schreddersachen, sondern genauso für die Sitzstangen und -bretter.

*Den Metallfreisitz gestalte ich immer wieder neu mit Materialien aus der Natur. So wird er für die Vögel nie langweilig.*

*Der Himmel hängt zwar nicht voller Geigen, aber voller Schaukeln.*

Ein anderes Spieleparadies unserer Nymphensittiche auf einer Fensterbank erweist sich in der Praxis als äußerst flexible Lösung. Die Idee dazu hatte ein lieber Freund, der genau wie wir alle, sein Herz an seine kleine Nymphensittichbande verloren hat. Die Basis bilden massive Holzplatten unterschiedlicher Abmessung, die mit Holzdübeln zusammengesteckt werden. Dieses Grundgerüst wird mit verschiedenen Sitzgelegenheiten, frischen Ästen und Schreddermaterial komplettiert. Im Handumdrehen können die Äste ausgetauscht und die Holzplatten immer wieder anders arrangiert werden. So entstehen schnell neue Lieblingsplätze.

### 6.3. Schaukeln, drehen, schwingen, federn – erlaubt ist, was gefällt

Bewegliche Sitzplätze sind wichtig für das Training der Feinmotorik und des Gleichgewichtssinns. Da trifft es sich hervorragend, dass sie bei unseren Nymphensittichen sehr hoch im Kurs stehen. Aus Volieren, Vogel- und Freiflugzimmern sind sie nicht mehr wegzudenken. Vom Palmblatt über verzweigte Rebhölzer, zu Kletternetzen, Brücken, Spiralen und diversen kreativen individuellen Lösungen, ist alles erlaubt, was gefällt.

***Die Aufhängung macht den Unterschied***

*Schaukel ist nicht gleich Schaukel. Landet ein Vögelchen auf einer Schaukel, so ist neben der Größe und dem Gewicht die Art der Aufhängung ausschlaggebend für die Art und Weise, wie sich die Schaukel bewegen wird. Sie schaukelt nicht nur, wie wir es alle aus unseren Kindertagen kennen, vor und zurück. Sie kann sich auch wie ein Karussell um die eigene Achse drehen, wippen, federn oder schwingen. Haben Sie Lust darauf, es auszuprobieren?*

| | | |
|---|---|---|
| **Variante 1** | ⊔ | Klassiker mit 2 parallel verlaufenden Aufhängungen |
| **Variante 2** | △ | Umgedrehtes V mit 2 Aufhängungen, die an einem Befestigungspunkt zusammenlaufen |
| **Variante 3** | _/ | 2 Aufhängungen, die schräg nach außen abgehängt sind |
| **Variante 4** | ⊥ | 1 Befestigung |

*Sie werden überrascht sein, wie unterschiedlich die Bewegungen einer Schaukel sein können. Ihre Vögelchen werden es lieben. Bei meinen vier Nymphensittichen steht Variante 3 sehr hoch im Kurs. Insbesondere, wenn neben der Aufhängung genügend Platz zum Sitzen ist. Sie fliegen mit hoher Geschwindigkeit an und erfreuen sich daran, dass die Schaukel ordentlich wippt. Nico liebt dieses Wippen so sehr, dass er fast nur noch auf dem Überstand landet. Ob er auch manchmal noch an frühere Zeiten denkt, wo er noch nicht einmal auf einem dicken Ast, geschweige denn auf einer Schaukel auf Anhieb landen konnte? Obwohl das schon einige Jahre zurückliegt, denke ich ab und an noch daran und freue mich, wie toll der kleine Racker jetzt jede noch so wackelige Konstruktion völlig selbstverständlich auf Anhieb beherrscht und sicher auf ihr landet.*

## 7. Hauptsache kaputt – geeignete Spielzeuge

### 7.1. Gesunder Schredderspaß aus Mutter Natur

Beim Nagen werden immer kleine Teile des Spielzeugs geschluckt. Frisch gepflückt aus der Natur dienen sie also nicht nur der wichtigen Beschäftigung und der Befriedigung des angeborenen Nagetriebs, sondern gleichzeitig auch der Aufnahme gesunder Köstlichkeiten. Insofern greifen wir mit dem Knabberspaß aus der Natur unserem großen Ernährungs-Kapitel 10 etwas vor.

#### Ahorn

**Ganzjährig:** Neben den Knospen sind frische Triebe beliebt. Später werden Blätter abgeknipst und auch die Füchte dürfen in Maßen verzehrt werden.

*Ahorn und Linde*

***Tipp**: Häufig ab Spätsommer mit Pilzbefall. Dann nicht füttern!*

#### Bambus

**Ganzjährig** belaubt bieten sie auch im Winter frisches Grün.

#### Fichte

**Herbst und Winter:** Getrocknete Zapfen.

***Tipp:** Äste sind im Winter sehr beliebt. Im Rest vom Jahr werden sie verschmäht.*

#### Hainbuche

**Ganzjährig** stehen Äste mit Knospen, frischem oder trockenem Laub zur Verfügung.

***Tipp:** Hartholz. Im Herbst, Winter und im Frühjahr sind die Knospen eine willkommene Abwechslung.*

#### Kiefer

**Herbst und Winter:** Getrocknete Zapfen.

***Tipp:** Zapfen können nach dem Säubern als Futterverstecke genutzt werden.*

## Linde

Die oberirdischen Pflanzenteile mit Ausnahme der Früchte werden gerne angenommen.

*Tipp: Weiches Holz. Die beliebten Blüten nur in Maßen füttern*

## Obstbäume

Ganzjährig können Äste mit Knospen, Blüten und Blättern angeboten werden. Obst aufgrund des hohen Zuckergehalts sehr sparsam oder gar nicht füttern.

## Weinrebe

**Frühjahr:** frische Triebe
**Herbst:** Blätter
**Winter:** Ranken

*Tipp: Zum Basteln sehr gut geeignet. Hier ein schnell gebastelter Ring vom Schattenspender der Außenvoliere.*

## Weide

**Ganzjährig:** Knospen, Blattansätze und Rinde werden gerne angenommen.

*Tipp: Weidearten unterscheiden sich durch unterschiedliche Holzhärten und Beliebtheit. Zum Basteln bietet sich die Trauerweide an, für Sitzstangen ist die Korkenzieherweide sehr gut ge eignet.*

## Rinde

Das Benagen der Rinde ist doppelt gut: Neben der Beschäftigung werden wertvolle Nährstoffe aufgenommen.

**Tipp: Beim Sammeln in der Natur gelten folgende Regeln:**

- *Nicht in Naturschutzgebieten sammeln.*
- *Keine geschützten Pflanzen oder Pflanzenteile mitnehmen.*
- *Keine Pflanzen pflücken, die Sie nicht kennen.*
- *Dornen und Stacheln immer entfernen.*
- *Pflanzen dürfen nicht mit Pflanzenschutzmitteln behandelt sein.*
- *Pflanzen dürfen nicht von Krankheiten, z.B. Pilzen, befallen sein.*
- *Pflanzenteile, die, beispielsweise von Wildvögeln oder Hunden, verkotet sind, nicht sammeln. Nicht an einer stark befahrenen Straße sammeln. Keine Eigentumsrechte verletzen.*

Die Begeisterung über frische Mitbringsel fällt bei meinen Nymphensittichen sehr unterschiedlich aus. So kommt es vor, dass ich die Äste gerade einmal kurz auf dem Boden abgelegt habe, und schon stürzt sich der erste Krummschnabel darauf. Es ist, als wolle er sagen: „Hey, wurde aber auch allerhöchste Zeit, dass Du uns endlich unsere Lieblingsäste bringst!" Die anderen drei folgen seinem Beispiel und es wird geknabbert, als gäbe es kein Morgen mehr. Ein anderes Mal straft die Schnabelbande meine Geschenke mit völliger Missachtung. Sie vertrocknen nach und nach immer mehr und plötzlich, wie aus heiterem Himmel, werden sie entdeckt. Schnell avanciert dann ein Ast, der gerade mit knapper Not seinem Ende in der Biotonne entronnen ist, zum tollsten Spielzeug des Tages. Wer hätte das gedacht?

*Schnell gebastelt. Lotte und Molly sind gut beschäftigt.*

## 7.2. Ist das Spielzeug, oder kann das weg?

Manchmal findet sich das eine oder andere Beschäftigungsmaterial bei den unbeachteten Dingen des Alltags wieder. Das ist unglaublich praktisch für die kleine Abwechslung zwischendurch.

- **Unbeschichtete Kartonage**

In schnabelgerechte Stücke ins Gitter klemmen oder auffädeln. Auch als Basis für ein neues Spielzeug oder Futterversteck geeignet.

- **Unbeschichtetes Packpapier**

Zusammenknüllen mit oder ohne Futter.

- **Zeitungspapier**

Maxi, einer unserer Urlaubsgäste, liebte Zeitungen über alles. Er schredderte sie, oder spielte mit mir „ich schiebe die Zeitung vom Tisch und Du hebst sie auf".

- **Kleine Pappschachtel**

Gute Basis für ein kleines Spielzeug oder als Versteck für Futter.

- **Pappröhren**

Küchenrollen sind eine gute Basis für ein neues Spielzeug. Rollen von Toilettenpapier würde ich aus hygienischen Gründen nicht empfehlen.

*Nico (links) muss mal gucken, was der Besuch macht.*

## 7.3. Schredderspaß aus dem Fachhandel

Im Fachhandel haben wir die Qual der Wahl zwischen fertigen Spielzeugen und Bastelteilen. Meine Entscheidung fällt meistens zugunsten der Bastelteile aus, denn häufig sind die angebotenen fertigen Spielzeuge viel zu groß für die zierlichen Nymphensittiche. Selbst zur Tat zu schreiten entlastet nicht nur den Geldbeutel, sondern sorgt bei mir auch für ein sehr abwechslungsreiches Angebot.

### Korkrinde

Auf der Beliebtheitsskala ganz oben: Egal, ob Röhre, Stück oder Platte

*Kork geht immer.*

**Info:** Korkrinden stammen von Korkeichen und können im Abstand von ca. 8 Jahren geerntet werden.

### Balsaholz

Sehr leichtes Holz, das extrem einfach zu schreddern und daher heiß begehrt ist. Es geht nichts über Kanten und dünne Brettchen. Zum Basteln ist es hervorragend geeignet, denn es ist mit haushaltsüblichem Werkzeug von Hand gut zu bearbeiten.

*Die Kanten werden als erstes angeknabbert.*

***Info:*** *Balsaholz ist ein Tropenholz, dessen Einsatz gewissenhaft geprüft werden sollte.*

### Weide

Weidenbälle, -sterne, -matten und -ringe in unterschiedlichsten Größen

### Bird Kabob

Das Holz stammt von der Yucca Whipplei. Die Rinde ist extrem hart, im Inneren ist das Holz jedoch sehr weich und leicht. Insbesondere die Chips werden sehr gut angenommen.

***Info:*** *Das Holzinnere muss für die Vögel gut zugänglich sein!*

### Bambus

Bambusketten und -bälle sind weich und lassen sich einfach schreddern. Die harten Bambusringe und -röhren sind vielseitig als Spielzeugbasis einsetzbar.

*Bambus frisch oder als Bambuskette.*

### Leder

Lederstücke werden gerne benagt, Lederbänder eignen sich hervorragend zum Basteln. Aber Vorsicht: Prüfen Sie, ob die Farben (Einfärbung der Bänder) nicht gesundheitsschädlich sind! Ansonsten heißt es: Lieber weglassen, als ein Risiko einzugehen.

***Info:*** *Es darf ausschließlich pflanzengegerbtes Leder verwendet werden!*

### Sonstige Materialbeispiele

Grasmatte, Kokosnuss mit Bastschicht, Luffa, Palmblattsterne, Seegrasmatten und -seile, Strohbänder, -bündel und -matten.

*Die Fasern von Seilen, Schnüren und Fransen sind nur scheinbar ungefährlich.*

## 7.4. Der Teufel steckt im Detail

Spielzeug beschäftigt unsere Heimvögel und es ist unverzichtbarer Bestandteil einer guten Vogelhaltung. Doch, wie so oft, steckt der Teufel im Detail und wir müssen uns immer die Frage stellen, welche Gefahren bestehen könnten. Manche Gefahr ist offensichtlich, andere erst auf den zweiten Blick erkennbar.

Grundsätzlich sollten wir jedes neue Spielzeug zuerst auf mögliche Gefahrenquellen hin begutachten und anfangs immer nur unter Aufsicht zur Verfügung stellen. Haben die Nymphensittiche Angst davor, so müssen wir sehr behutsam und mit viel Geduld vorgehen. Da es in der Voliere in diesem Fall zu Stress führen würde, hängen wir es lieber etwas entfernt von der Voliere auf, so dass die Kleinen es angstfrei beäugen können.

### Seile, Schnüre und Fransen

Sitzseile sind für die Füße eine Wohltat und bei Nymphensittichen sehr beliebt. Fransen finden sich an vielen handelsüblichen Spielzeugen. Beginnen die Vögel, diese anzunagen, wird es sehr gefährlich. Die verschluckten Fasern können im Kropf zu sogenannten Bezoaren (Bezoarsteinen) fest zusammenkleben und unbehandelt zum Tod führen. In Sitzseilen können sich die Krallen verhaken, was zum Abriss von Krallen führen kann. In Schnüren und Fäden können sich die Vögel verheddern. Abschnürungen der Extremitäten können die Folge sein. Im schlimmsten Fall könnte sich ein Vogel sogar strangulieren.

*Toxisch oder nicht? Alles wird von den neugierigen Schnäbeln untersucht.*

**Vorsicht Vergiftungsgefahr**
Giftige Materialien sind nicht immer auf den ersten Blick zu erkennen. Wer zieht denn beim Kauf eines schönen Spielzeugs ernsthaft in Betracht, dass es toxisch sein könnte? Leider werden verzinkte Teile immer noch recht häufig verwendet. Nimmt der Vogel es auf, führt das zu einer Metallvergiftung, die zum Tod führen kann. Ich verwende daher ausschließlich Ketten und anderes Befestigungsmaterial wie Unterlegscheiben und Schrauben aus Edelstahl, denn von diesem Metall geht keine Gefahr für meine Vögel aus. Ist das Material beim Händler nicht explizit ausgewiesen, gehe ich davon aus, dass es sich nicht um Edelstahl handelt. Dafür spricht meist auch der niedrigere Preis. In diesem Fall muss auch das schönste Spielzeug im Laden bleiben.

Farbe, Lasuren, Lacke und Imprägniermittel enthalten meist toxische Bestandteile. Empfehlenswert ist Lebensmittelfarbe in Bio-Qualität.

**Bruttrieb nicht fördern**
Unsere Nymphensittiche sind, wenn die Rahmenbedingungen für sie passen, das ganze Jahr in Brutlaune. Im Frühjahr, wenn die Tage länger werden, geht der Hormonpegel rasch nach oben. Zusätzlich kann er schnell von einer Kokosnusshälfte

oder einer Weide- oder Korkröhre weiter angefacht werden. Sollten Sie diese stimulierende Wirkung feststellen, tauschen Sie es bitte aus. Nistkästen gehören nicht standardmäßig in die Voliere, denn sie sind kein Spielzeug!

### Abwechslung ist Trumpf

Abschließend möchte ich Ihnen gerne ans Herz legen, sich bei allen Spielzeugen zu überlegen, wo Gefahren lauern könnten. Versuchen Sie immer, eine gute Mischung verschiedener Materialien anzubieten. Vermeiden Sie es, den wichtigen Bewegungsraum in der Voliere mit Spielzeugen zu überfrachten. Besser ist es, von Zeit zu Zeit zu wechseln. Damit dies nicht in unserem dicht gedrängten Alltag untergeht, habe ich mir einen Wochentag herausgepickt, an dem ich meine gefiederten Freunde immer mit einer kleinen oder großen neuen Attraktion überrasche.

*Schnell gebastelte Abwechslung.*

# 8. Von Sonnenanbetern und Staubfuselchen - Technik

Erinnern Sie sich noch daran, wie wichtig es für Gesundheit und Wohlbefinden ist, dass unsere Heimvögel Zugang zu Sonnenlicht und frischer Luft haben (Kapitel 5.2.)? Kein Problem in der Außenvoliere, aber wie sieht es im Innenraum aus?

## 8.1. Licht aus! Spot an!

*Höchste Zeit, Licht ins Dunkel zu bringen.*

Die Gesundheit und das Wohlbefinden unserer Heimvögel sind in hohem Maße auch von gutem Licht abhängig. Die kleinen Kakadus blühen auf, sobald ihnen eine gute Beleuchtung im Innenraum zur Verfügung steht. Molly ist eine echte Sonnenanbeterin. In der Außenvoliere genießt sie die Kraft der Sonne am längsten und im Innenraum findet sie sich schnell am hellsten Platz ein. Molly zeigt mit ihrem Verhalten ganz deutlich, dass sie das Licht genauso braucht wie die Luft zum Atmen.

***Tipps für gute Beleuchtung***

- *Eine hohe Grundhelligkeit ist wichtig.*
- *Einhaltung des Tag- und Nachtrhythmus. Dämmerungsphasen können bei dimmbaren Lampen mit Automatikdimmern gut simuliert werden.*
- *Beleuchtungsdauer 10 bis 14 Stunden täglich. Sind die Tage zu lang, quittieren die Vögel dies mit einem Anstieg des Bruttriebs. Eine Störung der Nachtruhe ist für sie Stress.*
- *Vollspektrum-Leuchten, die UV-A und UV-B Strahlung emittieren.*
- *Die Lampen müssen auch für die hohe Auflösungsrate der Vogelaugen flickerfrei sein (Kapitel 5.2.).*
- *Achtung: Handelsübliche LED-Leuchten können auch flickern!*
- ***Gravierende Haltungsfehler laut Expertenmeinung (Exopet-Studie):***
  *Keine nutzbare Vollspektrum-Beleuchtung, kein flickerfreies Licht, keine adäquate Beleuchtungsdauer.*

Es lohnt sich, für die häufig stiefmütterlich behandelte Beleuchtung etwas tiefer in die Tasche zu greifen. Ihre kleinen gefiederten Freunde werden es Ihnen durch ein besseres Wohlbefinden, glänzendes Gefieder und mehr Aktivität danken.

## 8.2. Frische Brise fürs Vogelzimmer

Mit dem Einzug von Nymphensittichen verändert sich die Luftqualität in unseren Räumen leider nicht gerade zum Besseren. Es wird staubig und staubiger. Der Putzlappen ist im Dauereinsatz, um dem anfallenden Staub Herr zu werden. Das ist nicht nur recht lästig, der feine Staub kann bei uns Haltern sogar Allergien auslösen. Insbesondere während der Mauser sitzen unsere kleinen Kakadus in einer nicht zu unterschätzenden Staub- und Fuselwolke, wenn sie sich der ausgiebigen Gefiederpflege hingeben. Der Federstaub ist so fein, dass seine Partikel bis tief in den Atmungstrakt eindringen und ihn schädigen können. Ein Luftreiniger sorgt für Abhilfe.

### *Saubere Luft*

*Die Anschaffung eines Luftreinigers ist umso wichtiger, als das einzigartige Atemsystem von Vögeln deutlich sensibler auf schädliche Umwelteinflüsse reagiert, als das des Menschen. Wichtig ist, dass der Luftreiniger auch kleinste Federstaubpartikel herausfiltert.*

Ein Hygrometer zeigt, wie hoch die Luftfeuchtigkeit ist. Fällt sie, insbesondere während der Heizperiode, unter 40%, kann ein Luftbefeuchter helfen. Die relative Luftfeuchtigkeit sollte allerdings auch nicht höher als 60% sein. Ansonsten besteht die Gefahr von Schimmelbildung!

### *Frische Luft*

*Auf dem Markt findet man eine Fülle an Luftbefeuchtern, die mehr oder weniger zur schnellen Verkeimung neigen. Wichtig ist daher immer, penibel auf die Hygiene des Geräts zu achten. Ansonsten wird aus dem Befeuchter schnell eine sehr gefährliche Keimschleuder!*

*Kleinste Partikel des Federstaubs belasten die Atemorgane.*

Technische Helferlein sind im Nymphensittich-Haushalt eine wichtige Investition, um Licht und Raumklima zu optimieren. Mit ihrer Hilfe können wir die Phase im Jahr, in der die Vögelchen kaum von ihrer Außenvoliere profitieren können, recht gut überbrücken. Den Zugang zu Sonne, frischer Luft, Wind und Regen kann sie allerdings nicht ersetzen.

## 9. Ein neuer Vogel zieht ein

Suchen wir einen Partnervogel für ein Einzeltier, oder möchten wir unsere Nymphensittich-Gruppe erweitern, stellt sich immer die Frage, ob wir einen Vogel kaufen oder ein Abgabetier adoptieren. Nico und Falco hatte ich von einer kleinen Zoohandlung übernommen. Mit Falco zog ein wunderschöner, aber sehr verängstigter Nymphensittich ein. Er ist ein echt bärenstarker Typ mit einem weichen, einem zerbrechlichen Kern. Nico ist ein entzückender kleiner Vogel, der neben einer riesigen Portion Charme allerdings auch eine gewaltige gesundheitliche Baustelle mitgebracht hat. Nicos Leben hing am seidenen Faden und ich kämpfte lange verzweifelt um ihn. Eine unglaublich schmerzhafte Erfahrung, die ich so schnell nicht noch einmal machen wollte. Bei den beiden Weibchen war es mir daher wichtig, gesundheitlich auf Nummer sicher zu gehen. Ich kaufte sie bei einer Züchterin, welche mir von einer Papageienkennerin wärmstens empfohlen wurde. Die Weibchen wuchsen inmitten einer größeren Nymphensittich-Gruppe auf und lernten spielerisch alles, was ein Jungvogel wissen muss. Durch den Zugang zu einer Außenvoliere sollten sie ein gutes Immunsystem aufgebaut haben und rundum gesund sein. Soweit zumindest meine optimistische Einschätzung. Das war allerdings weit gefehlt. Mit Lotte und Molly wählte ich zwei Schwesterchen, die einen großen Rucksack, gefüllt mit gesundheitlichen Problemen, mitbrachten. Vielleicht eine erbliche Disposition? Sollte ich irgendwann, in hoffentlich sehr ferner Zukunft, einen neuen Partnervogel suchen, werde ich aus dieser Erfahrung gelernt haben, dass ich mich nach einem Abgabetier umschaue. Die Garantie auf einen gesunden Nymphensittich gibt es leider nicht!

### *Zahme Nymphensittiche*

*Lassen Sie sich von unseriösen Züchtern nicht erzählen, dass nur handaufgezogene Vögel zahm werden. DAS IST FALSCH! Meine vier Nymphensittiche sind gut sozialisierte Naturbruten und alle sind mit sehr viel Geduld, Einfühlungsvermögen, Respekt und Clickertraining handzahm und umgänglich geworden. Genauso falsch ist, dass nur einzeln gehaltene Nymphensittiche handzahm werden. EINZELHALTUNG IST TIERSCHUTZWIDRIG!*

*Naturbruten in Gruppenhaltung können auch zahm werden!*

## 9.1. Junggesellen-WG

In der Zeit, als bei mir nur die beiden Nymphensittich-Männchen Nico und Falco lebten, waren die beiden beste Freunde. Sie unternahmen alles gemeinsam, kuschelten miteinander und kümmerten sich gegenseitig liebevoll um die Gefiederpflege. Keine Federspelze auf dem Köpfchen des anderen blieb ungeöffnet. Ich war glücklich über diese Harmonie. Doch ist die Haltung eines gleichgeschlechtlichen Paares wirklich optimal? Der Zweifel wuchs, und der Wunsch nach Partnerinnen für die Jungs wurde immer größer.

Unwissenheit und die Angst vor in steter Folge legenden Weibchen waren ausschlaggebend für die Gründung der Männer-WG. Nachdem sich die beiden eingewöhnt hatten und die Tage länger wurden, stieg auch der Hormonspiegel. Gerne lauschte ich ihren wunderschönen Balladen und bestaunte liebevoll und stolz meinen kleinen Nico, der beim

### Glückliche Jungs?

*Bei den besten Freunden Nico und Falco sieht man deutlich, dass bei gleichgeschlechtlichen Paaren häufig die große Liebe fehlt!*

Singen entzückend tänzelte. Alles wurde erkundet und auf Tauglichkeit für den Bau von Bruthöhlen getestet. Beide waren diesbezüglich unglaublich kreativ. Bei ihren ausgedehnten Spaziergängen auf dem Boden ließen sie keine Gelegenheit aus, ihre Manneskraft durch Gesangseinlagen auszudrücken. Es war entzückend zu beobachten, wie Nico und Falco singend mit Herzchenflügelchen über den Boden hopsten, tänzelten und stolzierten. Gerne wurden die Möbelrollen und vieles andere mehr angebalzt.

Inständig hoffte ich, dass ich zwei Weibchen aussuchen würde, die in Nico und Falco ihr Glück finden würden, und umgekehrt. Was wäre, wenn die Vergesellschaftung scheitern würde und die Gruppe nicht miteinander harmoniert? Diese und ähnliche Gedanken machen sich vermutlich die allermeisten Halter, die neue Vögel aufnehmen. Nymphensittichen ist es aber doch "ins Ei gelegt", in einer Gruppe zu leben. Stellen wir die Weichen richtig und die kleinen Kakadus haben ausreichend Raum, um sich auch einmal aus dem Weg zu gehen, sollte die Vergesellschaftung doch funktionieren...

*Als Junggesellen die besten Freunde: Nico und Falco.*

## 9.2. Gefährliche „Mitbringsel"

Bevor die Mädels Lotte und Molly einziehen konnten, gab es einiges vorzubereiten. Um das Einschleppen gefährlicher Krankheiten zu vermeiden, richtete ich für sie ein Quarantänezimmer ein. So konnte ich es bestmöglich vermeiden, Nico und Falco mit Krankheitserregern zusammenzubringen. Der erste Gang führte uns zum vogelkundigen Tierarzt, der alle notwendigen Tests und Untersuchungen durchführte. Welche Tests und Untersuchungen erforderlich sind, ist von individuellen Faktoren abhängig. Ihr vogelkundiger Tierarzt berät Sie gerne. Bedenken Sie immer, dass jeder Umzug für den Vogel Stress bedeutet und verborgene Krankheiten stressbedingt ausbrechen können.

***Sicherheit geht vor!***

*Schleppen Sie sich keine Krankheiten ein. Lassen Sie Neuzugänge vom vogelkundigen Tierarzt untersuchen und auf Erreger testen! Vergesellschaften Sie die Vögel erst, wenn alle Testergebnisse vorliegen und der vogelkundige Tierarzt grünes Licht gibt. Bis dahin müssen die Vögel, auch wenn es schwerfällt, in Quarantäne!*

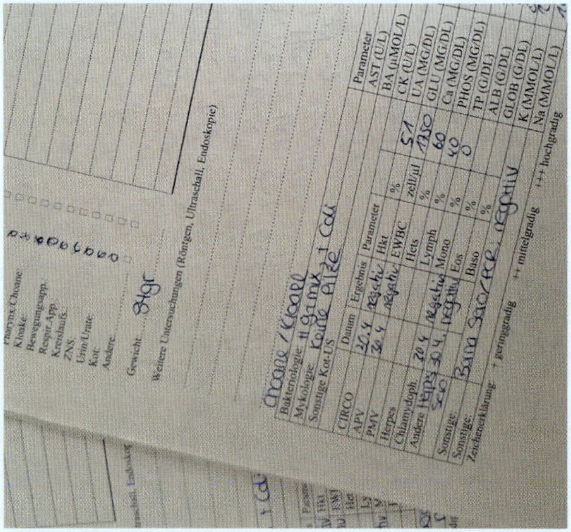


*Um sicher zu gehen: Eingangsuntersuchung und Tests.*

Zurück zu Molly und Lotte. Sie saßen in ihrem Quarantänezimmer und ich konnte es kaum erwarten, bis sie endlich ins Vogelzimmer umziehen durften. Bis dahin erforderte es einiges an Disziplin, immer darauf zu achten, dass Nico und Falco als erste versorgt wurden, und danach erst die beiden Neuzugänge. Das Desinfizieren der Hände ist genauso Usus wie die strikte Trennung aller Utensilien wie beispielsweise Wasser- und Futternäpfe. Das Einhalten der wichtigen Hygieneregeln ist im normalen Haushalt teilweise schwieriger umzusetzen, als es auf den ersten Blick erscheinen mag. Aber die Zeitspanne ist zum Glück absehbar, und man kann vor dem Einzug der neuen Vögel schon mit der wichtigen Planung der Quarantänezeit alles vorbereiten.

## 9.3. Bühne frei: Jetzt kommen die Mädels

Endlich waren alle Testergebnisse da, und Molly und Lotte bezogen die neue, große Innenvoliere, die für die beiden Jungs vorher nicht zugänglich war. Damit konnte ich einen Heimvorteil der Jungs verhindern. Das ist wichtig, um territorialen Ansprüchen entgegenzuwirken. Nico und Falco genossen während des Umzugs der Weibchen die frische Luft in ihrer Außenvoliere. So konnten Molly und Lotte in Ruhe ankommen und sich umschauen. Abends holte ich die Jungs herein. Obwohl Nico und Falco durch das tägliche Clickertraining extrem kooperativ sind, scheiterte mein Plan, sie von der Außenvoliere einfach in ihren Käfig zu setzen, in jeder Hinsicht. Nico sah die beiden Neuankömmlinge und rastete völlig aus. Er rannte wie eine Furie über die Voliere

**Erstes Kennenlernen**

*Bevor die Vögel gemeinsam fliegen dürfen, sollten sie sich zuerst in aller Ruhe kennenlernen. Dazu setzt man die Bestandsvögel und die Neuzugänge in getrennte Käfige, die in möglichst großem Abstand zueinander aufgestellt werden. Die Käfige kann man dann nach und nach dichter zusammenrücken, wenn die Vögel keine Aggressionen zeigen.*

und schrie Lotte an. Kaum bewegte sich die Kleine, rannte er zu ihr und schrie. Er schrie und schrie und schrie. So aufgebracht hatte ich ihn noch nie erlebt! Mein Plan war gründlich schiefgegangen. War die Vergesellschaftung damit gescheitert?

Die Nacht verbrachte Nico auf dem Volierendach. Am nächsten Morgen kam er wie gewohnt zu mir und ich konnte ihn zusammen mit seinem Freund Falco in den Käfig setzen. Die Lage schien sich entspannt zu haben. Nico war wieder der umgängliche und kooperative Charmeur wie immer. Die vier Nymphensittiche beobachteten sich gegenseitig ohne jegliche Anzeichen von Aggression oder territorialen Verhaltens. Sie bildeten gleich eine kleine Gruppe und saßen so dicht beieinander wie möglich. Meine Freude war riesengroß, dass der Tag des ersten gemeinsamen Freiflugs schneller als gedacht gekommen war.

*Diskussionsbedarf*

### Zerbrechliche Freundschaften

Molly flog und flog und flog. Wahnsinn, welche Ausdauer die kleine Prinzessin hatte. Das große Kennenlernen konnte beginnen. Es gab diverse Diskussionen zwischen allen vier Papageien über die jeweiligen Besitzansprüche. Dazwischen plünderten sie aber genauso selbstverständlich gemeinsam die verschiedenen Futterstellen oder machten zu viert Pause. Lotte und Nico waren sich nicht in allen Punkten einig und gaben das auch lautstark kund. Ein wahrer Hochgenuss waren die zahlreichen Flugeinlagen der vier pfeilschnellen kleinen Kakadus. Die Gruppendynamik ließ mein Herz vor Freude höher schlagen und ich konnte mich gar nicht sattsehen an meinen vier fantastischen Vögeln.

Lotte, mit enormem Entdeckergeist, Ideenreichtum und Abenteuerlust ausgestattet, flog als Erste in die große Außenvoliere. Die anderen drei schossen laut rufend hinterher. Und das änderte am Verhältnis zwischen den besten Freunden Nico und Falco alles. Wirklich alles! Hatten sie sich gestern noch liebevoll gegenseitig die Köpfe gekrault und Federspelzen geöffnet, ging Falco jetzt auf den deutlich schwächeren Nico wild entschlossen los. Falco jagte Nico durch die Außenvoliere und attackierte ihn bei ihren Luftkämpfen so heftig von oben, dass Nico zu Boden ging. Aber Nico ist ein Kämpfer, der seinerseits keine Gelegenheit zum Konter ausließ. Immer und immer wieder führten sie ihre erbitterten Luftkämpfe und Nico ging häufig schwer atmend zu Boden. Ich hatte entsetzliche Angst um Nico-Löwenherz. So gerne hätte ich ihm geholfen, aber diesen Streit mussten die beiden Jungs unter sich klären. Im schlimmsten Fall hätte ich die Aggressionen durch meine Reaktionen ungewollt verstärkt. Daher hielt ich mich, auch wenn es mir sehr schwer fiel, zurück.

## 9.4. Die Liebe siegt!

Es war ein unfassbares Glück, dass sich meine beiden Jungs nicht in das gleiche Mädel verliebten, und umgekehrt. Nicos Gefühle galten vom ersten Tag an der lieben Molly, während Falcos Herz für Lotte schlug. Mein Herzenswunsch schien greifbar nahe, denn es schienen sich tatsächlich zwei Paare zu bilden.

Die territorialen Aggressionen zwischen den Männchen dauerten circa zwei Wochen. Sie schwächten sich mit der Zeit ab und endeten damit, dass Nico bei einem der Luftkämpfe Falco leicht verletzte. Er erwischte ihn am Kopf und fügte ihm mit einer Kralle eine kleine Wunde oberhalb des Auges zu. Diese schmerzte und Falco ließ von Nico ab. Ich war heilfroh, dass das Auge nicht verletzt war und Falco schnell wieder der Alte war. Die Kämpfe blieben sehr bald komplett aus. Die Fronten waren geklärt. Nico suchte die Nähe von Molly und Falco wich seiner Lotte nicht von der Seite.

Die beiden verliebten Jungs waren schwer beschäftigt damit, ihre Mädels zu umgarnen. Hatte

*Vom 1. Tag an ist Nico in Molly verliebt.*

Lotte einmal wieder Streit mit Nico, eilte ihr Falco zu Hilfe. Er räumte für sie alle „Hindernisse" aus dem Weg und bewies sich als edler Ritter an ihrer Seite. Dabei handelte es sich erfreulicherweise nur noch um die im Papageienalltag ganz normalen kleinen Scharmützel. Die schlaue Lotte wusste schnell, was sie will und wie sie es bekommen konnte. Sie machte sich mit Falcos freundlicher Unterstützung einen Spaß daraus, Nico von seinen Sitzplätzen zu verjagen. Nicht weil sie dessen Sitzplatz wirklich wollte, sondern einfach nur, um den kleinen Kerl zu vertreiben. Wichtig bei solchen Streitigkeiten ist, dass es für den schwächeren Vogel immer einen anderen attraktiven Sitzplatz gibt.

Bis heute genieße ich den Zugewinn an Schwarmdynamik. Es wird mehr gespielt, geschreddert und ausprobiert. Die zahlreichen rasanten Flugmanöver der Viererbande sind nach wie vor ein wahrer Hochgenuss!

Die unnatürlichen täglichen Balzgesänge in Dauerschleife gehören der Vergangenheit an. Ab und zu wird gesungen und die Suche nach Bruthöhlen wurde natürlich auch nicht aufgegeben. Diese wird allerdings erfolglos bleiben und bisher fand keine Eiablage statt. Dank einer bedarfsgerechten Fütterung, dem Fehlen von Bruthöhlen und der strikten Einhaltung der zehn- bis zwölfstündigen Nachtruhe gelang es mir bisher, den Bruttrieb herunterzufahren. Das Beste an der Vergesellschaftung ist, dass Nico und Falco in Molly und Lotte ihre Liebe gefunden haben. Obwohl Nico und Falco eine sehr harmonische Junggesellen-WG bildeten, spüre ich deutlich, dass das Verhältnis der gegengeschlechtlichen Paare viel tiefer und inniger ist. Falco würde sich häufig am liebsten in Lottes Gefieder einbuddeln. Ganz tief vergräbt er seinen Kopf in Lottes weichen Federchen. Falco ist ein in sich ruhender, gelassener kleiner Kakadu geworden. Nico liebt es, seinen Kopf unter Mollys Flügel zu kuscheln und quasi in ihr zu versinken. Diese Innigkeit und Intimität gab es nie zwischen Nico und Falco. Nachts schlafen beide Paare häufig Flügel an Flügel. Mir geht das Herz auf, wenn ich sehe, wie glücklich meine beiden verliebten Jungs sind, seit sie mit Molly und Lotte ihre Herzdamen gefunden haben.

*Lotte ist Falcos ganzes Glück.*

## 10. Man ist, was man isst - Fütterung

Ein Dauerbrenner für jeden engagierten Halter ist das Thema Fütterung. Blicken wir zuerst auf sich hartnäckig haltende Fehlinformationen.

### 10.1. Irrtümer und Mythen rund um die Fütterung

- **Körnerfutter ist ein Alleinfutter, in dem alles drin ist, was Nymphensittiche brauchen.**
  Um unsere Heimvögel gesund und ausgewogen zu ernähren, brauchen sie eine abwechslungsreiche, ausgewogene Ernährung. Dazu gehören das tägliche Grünfutter sowie die Gabe von Mineralien und Magensteinchen. Darüber hinaus würde ich auch das Verabreichen eines Probiotikums empfehlen.
- **Unsere schlauen Nymphensittiche futtern genau das, was ihr Körper braucht.**
  Die Realität sieht so aus, dass sie selektiv fressen. Zuerst werden die Kalorienbomben in Form von fetten Sonnenblumenkernen und Honigstangen gefuttert. Damit ernähren sie sich viel zu einseitig und kalorienreich. Adipositas und dadurch bedingte Herz- und Kreislauferkrankungen werden somit begünstigt. Diese führen leider häufig zum vorzeitigen Tod.
- **Die Vögel sollten es möglichst bequem haben, an ihr Futter zu kommen.**
  Das Gegenteil ist der Fall. Das Erarbeiten jedes einzelnen Körnchens beschäftigt unsere Heimvögel tatsächlich wirksam. Mit einer gut gemachten Fütterung können wir kognitive Reize setzen und gleichzeitig für einen deutlichen Zugewinn an Bewegung sorgen. Eine Chance, die wir unbedingt nutzen sollten.
- **Als Grünfutter ist es ausreichend, ab und zu einmal ein Salatblatt anzubieten.**
  Mit einem frischen Salat ist schon einmal ein guter Anfang gemacht. Eine ausgewogene Ernährung basiert allerdings auf einer Fülle unterschiedlicher Grünpflanzen, Kräutern und Gemüsesorten.
- **Meine Vögel mögen kein Gemüse. Die fressen das nie!**
  Nymphensittiche gehören tatsächlich zu den Papageienarten, bei denen sich die Begeisterung über Neuerungen im Futternapf eher in Grenzen hält. Mit Geduld und einer gut bestückten Trickkiste werden Sie auch konservative Nymphensittiche vom Gemüse überzeugen. Lassen Sie sich überraschen.

### 10.2. Lecker, lecker, lecker - Gesundes Grünfutter

*Miam, schmeckt das lecker!*

Die Auswahl an Grünfutter ist riesengroß. In Natur und Garten warten zahlreiche Kräuter, Blätter und Blüten. Im Winter können wir unsere gefiederten Freunde mit Kräutern aus dem Topf erfreuen. Hinzu kommt eine Auswahl an Gemüsesorten, die den kleinen gefiederten Freunden aber häufig erst einmal schmackhaft gemacht werden müssen.

**Praxistipp**

- *Aus hygienischen Gründen ist es ratsam, das Grünfutter nach spätestens vier Stunden zu tauschen.*
- *Beim Kauf von Gemüse, Salaten und Kräutern sollten wir immer auf Bio-Qualität setzen.*

**Vorsicht: giftig!**

*Avocado **nicht** füttern. Der Verzehr von Avocado kann zum Tod führen!*

### 10.2.1. Verführt – Vom Gemüsemuffel zum "Gemüsegourmet"

#### Vergebliche Versuche

Nico und Falco kannten bei ihrem Einzug kein Gemüse und verschmähten es konsequent. Ich setzte alles daran, sie vom Gegenteil zu überzeugen. Geradezu aufdringlich reichte ich es ihnen täglich. Meine Versuche scheiterten jedoch kläglich. Es gab nur einen kleinen Hoffnungsschimmer: circa zehn Monate nach ihrem Einzug machte sich Falco über die großen Karottenstücke her, die an seinem damaligen Lieblingsplatz hingen! Er zerlegte die komplette Karotte. Ich war begeistert und ging davon aus, dass dies der Durchbruch war. Eine Fehleinschätzung. Meine weiteren Bemühungen liefen allesamt ins Leere.

#### Die Idee

Die Wende hin zur besseren Ernährung wurde durch einen genialen Tipp unserer vogelkundigen Tierärztin eingeläutet. Bei der Menge Körnerfutter hielt ich mich bis zu diesem Zeitpunkt strikt an die Vorgaben eines großen Futtermittelherstellers. Das sind ja die Profis, denen man dank eigener Unkenntnis natürlich vertraut. Die empfohlene Angabe in Esslöffeln wurde von der vogelkundigen Tierärztin kurzerhand in Teelöffel geändert. Ein Schock! Da blieb kaum noch etwas übrig vom feinen Körnerfutter. Der Gemüsetipp folgte sofort: „Machen Sie kleine Löcher in die Gemüsestücke und stecken Sie das Körnerfutter hinein." „Wie viele Körnchen kann ich in einem Loch verstecken?" fragte ich verdattert. „Am besten EINS!" lautete die ernüchternde Antwort. „Gut, dass meine kleinen Kakadus ab sofort nur noch eine deutlich geringere Menge Körnchen bekommen", dachte ich bei mir.

**Gefülltes Gemüse überzeugt jeden Nymphensittich:**

Wichtig ist, dass die Körnermenge bedarfsgerecht ist. 5% bis 10% des Körpergewichts sind ausreichend.

*Löcher bohren, Körner einfüllen, aufspießen - fertig.*

### Die Umsetzung

Auf der Rückfahrt erfolgten meine ersten Überlegungen, welches Werkzeug für das Bohren des Gemüses wohl am geeignetsten wäre. Etabliert hat sich letzten Endes ein Kreuzschlitzschraubendreher. Dieser muss selbstverständlich absolut sauber sein! Es ist unbedingt auszuschließen, dass beim Bohren Metallsplitter, -abplatzungen, Schmutz oder Ähnliches im Gemüse zurückbleiben. Am nächsten Tag servierte ich Nico und Falco erstmals Gemüsestücke mit Körnchen-Füllung. Kein einziges Körnchen war noch frei verfügbar.

***Unbedingt beachten***

*Leckerlistangen oder frei verfügbare Hirserispen werden aus der Reichweite der Nymphensittiche verbannt.*

### Begeisterung sieht anders aus

Die Begeisterung der Nymphensittiche hielt sich, milde gesagt, in Grenzen. Als der Hunger groß genug war, näherten sie sich vorsichtig ihrer geliebten Futterschüssel und beäugten deren Inhalt kritisch. Die in den Löchern noch gut sichtbaren Körner wurden vorsichtig herausgefummelt und gierig verschlungen. Die cleveren kleinen Kakadus nutzten hierfür sehr gekonnt ihre Zungen, die eine beeindruckende Länge haben. Sinn und Zweck meiner Bemühungen waren damit allerdings verfehlt. Sie sollten das Gemüse schreddern, um an die Körnchen zu gelangen. Nach und nach würden sie dann auf den Geschmack der gesunden Kost kommen um sie letzten Endes zu fressen.

### Tricksereien

Während Nico und Falco ihre Zungen immer gekonnter einsetzten, um den Biss ins Gemüse zu vermeiden, bohrte ich immer tiefere Löcher und stopfte die Körnchen mit Hilfe eines dünnen Stäbchens weit nach unten. Meine Intention war, dass die beiden Vögel nicht mehr umhin kämen ins Gemüse zu beißen und dieses dann auch zwangsläufig zu schlucken! Nico begann die Gemüsestücke mit seinem Schnabel kräftig zu bearbeiten, um an die leckeren Körnchen zu gelangen. Der erste kleine Teilerfolg und natürlich ein Grund zur Freude. Falco hingegen war, gelinde gesagt, richtig angekackt. Entschuldigen Sie bitte diesen Kraftausdruck, aber er trifft den Kern der Sache am besten. Falco hatte sich noch nie durch übermäßige Geduld hervorgetan und sein Gesichtsausdruck sprach Bände. Schlau wie er ist, hatte er natürlich noch ein As unter seinem Flügel. Er entwickelte einen Trick, an die Körner zu gelangen, ohne ins Gemüse beißen zu müssen. Mit einem Gesichtsausdruck, dem man sehr deutlich ansah, was er von der Sache hielt, nahm er die Gemüsestücke in seinen Schnabel und schleuderte sie so kraftvoll

*Ende der Trickserei. Falco muss ins verschmähte Gemüse beißen.*

wie möglich durch die Gegend. Die herausfallenden Körner gaben ihm Recht: er war auf dem richtigen Weg. Ich bewunderte ihn für seine clevere Idee. Mit einem simplen Trick untergrub ich seine große Karriere als "Gemüsewurfspezialist": ich spießte die gefüllten Gemüsestücke auf einen Edelstahlspieß. Jetzt war Schluss mit jeglicher Trickserei und auch mein schlauer Falco kam nicht mehr umhin, in das Gemüse zu beißen. Er hatte keine andere Wahl, wollte er etwas von der Körnerfüllung abhaben. Nach und nach fügte er sich in sein trauriges Los und wurde geduldiger.

### Schritt für Schritt geht es voran

Einige Monate später freute ich mich riesig, dass die hin und wieder servierten Äpfel meinem süßen Nico schmecken. Genussvoll begann er damit, das Fruchtfleisch geschickt von der Schale zu lösen und zu verspeisen. Es dauerte nicht lange und er entdeckte Zucchini, Gurke und einige Zeit später auch

> ***Kotveränderungen***
>
> *Der Verzehr von Gemüse kann zu einer vermehrten Ausscheidung von Flüssigkeit (Polyurie) und zu Veränderungen der Kotfarbe führen. Die auf Gemüse zurückzuführenden Kotveränderungen sind völlig ungefährlich für den Vogel und kein Grund zur Sorge für uns Halter.*

Rote Beete für sich. Ein toller Erfolg! Nachdem ich zuerst kurz zusammengezuckt bin, war meine Freude riesig, als er Rote Beete in so großer Menge futterte, dass sein Kot sich dunkelrot färbte.

Trommelwirbel für meinen skeptischen Gemüsemuffel Falco! Er kam auf den Geschmack von Zucchini und Gurke! Für Nico begann die Zeit der Möhren. Nachdem ich diese tatsächlich über Monate hinweg fast täglich mit Körnerfutter angeboten hatte, war er quasi über Nacht zum absoluten Möhren-Schlemmerschnabel geworden. Diese Vorliebe hat er sich bis heute bewahrt.

Vorsichtig biss er auch schon einmal in unbekannte Gemüsesorten. Viele Monate später begann ich, die Körner im Gemüse zu reduzieren und an anderen Futterstellen anzubieten. Je mehr die Nymphensittiche für diese „frei verfügbaren" Körner arbeiten müssen, desto besser funktioniert das Ausschleichen aus dem leicht zugänglichen Gemüse.

*Wichtig beim Ausschleichen: Jedes Körnchen muss erarbeitet werden.*

### Attraktive Plätze wählen

Empfehlenswert ist es, das Gemüse immer an attraktiven Plätzen zu reichen. Auf dem Lieblingsplatz schmeckt einfach alles besser! Das Ausschleichen der "Gemüsekörner" funktionierte, obwohl ich ca. 1 1/2 Jahre lang das komplette Körnerfutter im Gemüse versteckt hatte, nur leidlich. Nico futterte weiterhin reichlich Gemüse, wohingegen Falco sich in vornehmer Zurückhaltung übte. Ich probierte einiges aus und als Optimum etablierte es sich, über mehrere Jahre circa 1/3 der Körner in den Gemüsestücken zu verstecken und die übrigen 2/3 in mindestens zehn Futterverstecken in kleinsten Portionen anzubieten. Eine zeitintensive Beschäftigung für die Vögel und mich.

*Attraktiver Platz mit Gurke: das geht immer.*

### Am Anfang nur Gurke

Molly und Lotte kannten bei ihrem Einzug lediglich Gurke. Doch bereits während ihrer Quarantäne testeten sie andere Gemüsesorten auf ihre Tauglichkeit. Als ich sie nach Erhalt der negativen Testergebnisse mit unseren beiden Junggesellen vergesellschaften konnte, entwickelten sie sehr schnell eine große Leidenschaft für Rote Beete und Co. Schnell waren sie davon so begeistert, dass sie sich regelrecht darauf stürzten. Dank der Schwarmdynamik und Lottes Begeisterung wurde Falco zu einem echten Gemüsegourmet, der sich genussvoll gesund ernährt. Es war nach meinen jahrelangen Bemühungen an der Zeit, endgültig aufzuhören, Löcher in Gemüse zu bohren und diese mit Körnern zu füllen. Jetzt werden die Gemüseburger aus dicken Scheiben Gemüse und ein paar Körnchen als Zwischenschicht von allen vier Vögelchen begeistert angenommen. Ich bin glücklich, wenn ich sehe, wie meine vier Gourmetschnäbelchen genussvoll täglich große Mengen unterschiedlicher Gemüsesorten verdrücken.

### Alle mögen Gemüse

Sind ein paar Gemüsesorten eingeführt, werden unbekannte Sorten besser akzeptiert. Sie nehmen nicht nur wertvolle Inhaltsstoffe auf, sondern es ist auch unglaublich hilfreich, gefährliche Fettpölsterchen erst gar nicht entstehen zu lassen. Meine Geduld und Penetranz, mit der ich über einige Jahre täglich Gemüsestücke mit Körnerfüllung zubereitet habe, waren letzten Endes ein voller Erfolg.

*Geschafft: Alle mögen Gemüse – auch Falco (rechts).*

### Gemüseempfehlungen meines Schwarms

- ***Brokkoli:*** *Röschen und der großzügig geschälte Strunk werden nach einer längeren Gewöhnung jetzt von allen angenommen.*
- ***Champignons:*** *Nur sehr selten und sparsam füttern. Molly war sofort Champignon-Fan.*
- ***Fenchelgrün:*** *Falco liebt es vom ersten Tag an.*
- ***Gurke:*** *Nico und Falco knabbern das Fruchtfleisch von der Schale, Molly und Lotte bevorzugen das wässrige Innere.*
- ***Kohlrabi:*** *Gut schälen und ohne holzige Stellen anbieten. Lotte ist auf Anhieb begeistert.*
- ***Möhre:*** *Nicos Lieblingsgemüse. Auch das Möhrengrün ist gesund und sehr begehrt.*
- ***Paprika:*** *(bevorzugt gelb und rot): Molly war sofort begeistert vom Fruchtfleisch. Nico bevorzugt die Kerne und nagt am Kerngehäuse. Den grünen Stielansatz und den Strunk nicht füttern.*
- ***Rote Beete:*** *Wird mitsamt der Schale von allen gerne angenommen.*
- ***Stangensellerie:*** *Die Blätter schmecken am besten.*
- ***Tomaten:*** *Molly frisst das Innere von Kirsch- oder Cocktailtomaten. Große Tomatensorten werden verschmäht.*
- ***Topinambur:*** *Knackig, frisch, wie Nico es mag.*
- ***Radieschen:*** *Nico nagt gerne das Fruchtfleisch von der Schale, während Lotte und Molly das Innere mit der Schnabelspitze herausschaben.*
- ***Wassermelone:*** *Insbesondere an heißen Tagen sehr erfrischend.*
- ***Zucchini:*** *Wird von allen vier Nymphensittichen gut angenommen.*

### Gemüsesorten, die von meinen Nymphensittichen ausschließlich gekocht angenommen werden

- ***Fenchel:*** *Für alle vier ein Genuss.*
- ***Knollen- und Stangensellerie:*** *Besonders bei Molly und Lotte willkommen.*
- ***Pastinake:*** *Lotte frisst auch gerne einmal größere Mengen.*

*Schnell, schnell; heute ist Möhrentag.*

### Buchtipp

*Volker Oertel & Petra Wolf (2022): Früchte, Gemüse & Nüsse – Superfood für Papageien, Sittiche, weitere Ziervögel + Ziergeflügel, Arndt-Verlag. Bretten*

Anhand der Ergänzungen sehen Sie gut, dass es beim Essen individuelle Vorlieben und Abneigungen gibt. Es gilt also für uns, diese Vorlieben aufzuspüren. Um die Nymphensittiche vom feinen Gemüsegeschmack zu überzeugen, kann es helfen, das Gemüse zu pürieren und mit ein paar leckeren Körnern „aufzupeppen". Eine weitere Alternative stellt eine andere Form, z.B. als Gemüsespaghetti dar, die das Gemüse fast schon wie ein tolles Spielzeug daherkommen lässt.

### 10.3. Kalorienarm und lecker - Salate

*Blattsalate werden gut angenommen.*

Falco, der früher aus seiner tiefen Abneigung gegenüber Gemüse keinen Hehl gemacht hat, war sofort von Blattsalaten begeistert. So überraschen uns die kleinen Genießer immer wieder aufs Neue. Bei Salaten sollten wir wegen der Belastung durch Pestizide unbedingt auf BIO-Ware setzen. Die Salatherzen schmecken nicht nur den meisten von uns, sondern auch unseren Heimvögeln am besten. Gewundert hat mich dann allerdings doch, dass sie auch Chicorée-Salat sofort angenommen haben.

*Gräser: Wenig Kalorien und viel Beschäftigung.*

### 10.4. Gräser und Kräuter aus Garten, Natur und Handel

Gehen wir mit offenen Augen in die Natur, werden wir erstaunt sein, wie viel gesundes Grünzeug wir hier finden. Dies stellt nicht nur eine unglaubliche Bereicherung im Futternapf dar, sondern ist auch super gesund. Leider landen diese bei vielen Haltungen nicht so häufig in den Futternäpfen, wie sie es verdient hätten. Zeit, das zu ändern. Beim Sammeln in der Natur sei an die in Kapitel 7.1 beschriebenen Sammelregeln erinnert.

**Basilikum:** Blätter und Stängel nur in geringen Mengen anbieten. BIO-Qualität wird im Handel auch im Winter angeboten.

**Brennnessel:** Insbesondere die jungen Blätter und Triebe im Mai und Juni sind beliebt. Bei der Ernte bitte feste Handschuhe tragen. Brennhaare können durch kurzes Blanchieren oder das Walzen mit einem Nudelholz unschädlich gemacht werden.

**Gänseblümchen:** Die anspruchslose Pflanze erfreut uns fast das ganze Jahr mit frischen Blättern, Knospen und Blüten.

**Gräser:** Besonders beliebt sind Knäuelgras, Hühnerhirse, Quecke und Weidelgras.

**Hirtentäschel:** Einzig die herzförmigen Schotenfrüchte werden angenommen.

**Huflattich:** Die Blätter und Stängel sind schwach giftig! Bitte nur die Blüten und Fruchtstände anbieten.

**Katzengras** aus Gerste-, Hafer-, Roggen- oder Weizensamen: Ganzjährig im Tierbedarf als Topfpflanze erhältlich, wird gerne gefuttert.

**Klee:** Insbesondere die Blüten und Fruchtstände des Roten Klees sind bei Nico und Falco sehr beliebt. **Achtung:** Ab dem Spätsommer häufiger Schimmelbefall! Dann bitte nicht mehr anbieten.

**Kresse:** Sehr praktische BIO- Winterkost aus dem Supermarkt.

*Ganzjährig verfügbar.*

**Löwenzahn:** Zur Freude meiner vier Nymphensittiche gedeiht er auch in ihrer Außenvoliere. Blüten, Samenstände und die jungen Blätter werden von allen gerne selbst geerntet.
Der übermäßige Verzehr der Löwenzahn-Samenstände fördert meiner Erfahrung nach den Bruttrieb.

*Blüten, Samenstände, junge Blätter und Wurzeln schmecken lecker und sind gesund.*

**Margerite:** Blätter und Blüten werden gelegentlich angenommen.

**Petersilie:** Von Falco werden die Stängel abgeknipst und gefressen.

**Oregano:** Falco liebt Oregano. Aufgrund des Gehalts ätherischer Öle biete ich es nur in kleinen Mengen an.

**Schönpolster** (Golliwoog ist der Markenname): Nico und Falco haben sie anfangs kritisch beäugt und später gut angenommen.

**Vogelmiere:** Blätter, Stängel und Blüten sind bei allen begehrt. Tipp: Für die Fensterbank werden im Tierbedarf Topfpflanzen angeboten.

**Wegerich:** Die reifen Samenstände werden selbst geerntet.

Erinnern Sie sich daran, wie viel Überredungskunst gefragt war, Falco vom Gemüse zu überzeugen? Bei Gräsern und Kräutern zeigt er mir ein ganz anderes Gesicht. Meistens ist er der Erste, der sich an dieser gesunden Frischkost bedient. Unsere geliebten Nymphensittiche sind eben immer wieder für eine schöne Überraschung gut.

***Buchtipp***

***Bärbel Oftring & Petra Wolf (2019): Vogelfutterpflanzen aus Natur und Garten, Arndt-Verlag, Bretten***

### 10.5. Samen und Saaten

*Zuviel Futter macht krank!*

**Fett und viel**

Viel zu viele Heimvögel leben in Saus und Braus. Ein üppig mit Körnern bestückter Futternapf befindet sich direkt neben der Schlafstange und lockt mit seinem üppigen Angebot. Welcher Nymphensittich kann da schon all den fettig-feinen Köstlichkeiten widerstehen? Die Folge ist, dass sich die Vögel gerne an hochkalorischen Saaten bedienen. Sie ernähren sich zu einseitig und zu fett. In Verbindung mit Bewegungsmangel ist Adipositas (Fettleibigkeit) häufig die Folge. Dies darf man auf keinen Fall mit dem Witz „mein Vogel hat halt schwere Federn" ins Lächerliche ziehen. Adipositas begünstigt schwerste Krankheiten mit Todesfolge!

**Den Teufelskreis durchbrechen und vermeiden**

Ist der Nymphensittich übergewichtig, so bewegt er sich noch weniger und nimmt immer weiter zu. Ein Teufelskreis, den wir unbedingt vermeiden müssen. Es gilt die richtige Futtermenge zu ermitteln. Je nach Futtermischung, Bewegungsprofil und Temperatur füttern wir 5% bis maximal 10% des Körpergewichts. Wichtig ist bei jeder Futterumstellung, das Körpergewicht der Nymphensittiche engmaschig zu kontrollieren. Das funktioniert hervorragend und völlig stressfrei mit Hilfe des Clicker-

*Tagesration für vier Nymphensittiche.*

trainings (Kapitel 11.3. und 12.4.). So lässt sich gut die perfekte Menge ermitteln, ohne dass die Vögel Hunger leiden müssen. Das Angebot an Körnerfutter muss immer so gering sein, dass viele unterschiedliche Saaten und Samen aufgenommen werden und das frische Grünzeug nicht verschmäht wird. Beim Einkauf bevorzuge ich Futtermittel mit möglichst vielen unterschiedlichen Samen und Saaten. Auf Sonnenblumenkerne verzichte ich aufgrund ihres hohen Fettgehalts genauso wie auf Futtermittel, in denen sogenannte „Bäckereierzeugnisse" enthalten sind.

## 10.6. Vom Stangenhocker zum Vielflieger mit Vollbeschäftigung - Actionfüttern und Futterverstecke

Ich liebe es, wenn meine vier kleinen Kakadus gut beschäftigt sind und reger Flugbetrieb herrscht. Herrlich, zu beobachten, wie sie emsig fliegen, klettern und darüber nachdenken, wie sie an ihre Körner gelangen. Dies war am Anfang meiner Nymphensittichhaltung nicht so. Der Futternapf war viel zu gut gefüllt und meine Vögel hatten alle Zeit der Welt, sich ein hochkalorisches Korn nach dem anderen in aller Ruhe und Gelassenheit herauszupicken. Zugegebenermaßen war es schon unglaublich süß, als Nico sich einen dicken Sonnenblumenkern herauspickte, ihn mitnahm auf die Ausflugklappe, um ihn voller Vorfreude zu entspelzen und genussvoll zu verspeisen. Das ist viele Jahre her und manchmal frage ich mich, ob er sich noch daran erinnert. Jetzt fliegt der kleine Sauseblitz voller Elan quer durch sein Nymphensittich-Reich, auf der Suche nach dem nächsten Körnchen. Es gibt kaum eine effektivere Art für viel Beschäftigung und Bewegung zu sorgen als mit einer ausgeklügelten Futterstrategie. Aber der Reihe nach.

### 10.6.1. Stangenhocker aufgepasst: Jetzt wird geflogen!

Dem Vorbild der Natur folgend können wir unsere Heimvögel sehr effektiv mit Futtersuche auslasten. Jedes einzelne Korn will erarbeitet sein. In Kapitel 5.1.3. haben wir bereits in der Innenvoliere mit dem Anbringen mehrerer Näpfe einen ersten Schritt in die richtige Richtung getan. Darauf bauen wir jetzt mit weiteren Futternäpfen auf. Landen Ihre Nymphensittiche schon auf ihren Freisitzen und Schaukeln im Freiflugzimmer? Ist dies der Fall, dann ergänzen wir die Freisitze mit Futterstellen. Überzeugen Sie sich stets davon, dass allen Vögeln ausreichend Körnerfutter zur Verfügung steht. Unser Augenmerk gilt nicht zuletzt dem ängstlichsten Individuum. Nach und nach erhöhen wir die Anzahl der Futterstellen und bringen sie im Optimalfall so an, dass die Vögel immer weitere Strecken fliegen müssen. Je mehr Futterstellen den Papageien zur Verfügung stehen, desto weniger Körner finden sich an jeder Futterstelle und desto mehr wird geflogen. Aus "Stangenhockern" werden nach und nach Vielflieger. Ein weiterer Vorteil dieser Art der Fütterung ist, dass sich nicht der stärkste der Gruppe die begehrtesten und fettesten Körner sichert. Auch der schwächste Vogel findet sie! Die Futtersuche, gepaart mit ihrem selektiven Fressverhalten, verleiht den Vögeln Flügel. Sie fliegen die gleiche Futterstelle mehrmals an, was zu noch mehr Flugbetrieb führt.

*Mit vielen Futterverstecken, die nur fliegend zu erreichen sind, ist jede Menge Bewegung garantiert.*

### *Actionfütterung*

- *Wichtig: Eine Futterstelle nach der anderen einführen und die Vögel nicht überfordern!*
- *Viel Beschäftigung nach dem Vorbild der Natur.*
- *Kondition wird sukzessive aufgebaut und verbessert.*
- *Selektives Fressverhalten wird genutzt.*
- *Auch die schwächeren Individuen sichern sich die begehrten Körner.*
- *Fressen aus Langeweile wird vorgebeugt.*
- *Das Mehr an Bewegung hilft beim Abnehmen und kann Adipositas vorbeugen.*

*Ich füttere zweimal am Tag und komme somit gleich zweimal am Tag in den Genuss meine vier Nymphensittiche bei ihrer Actionfütterung zu genießen, zu beobachten und zu bestaunen. Für mich ein echter Hochgenuss, für die Gefiederten Bewegung und Beschäftigung!*

Gelochte Kokosschalen sind einfach überall zu befestigen und können mit Edelstahl-Futterschüsseln bestückt werden.

*Schalen von Walnüssen, Buddha-Nüssen und Kokosnüssen eignen sich gut als Futterverstecke.*

### 10.6.2. Korn für Korn

Mit einem ganz einfachen Mittel gelangen wir garantiert zu noch mehr Beschäftigung. Das funktioniert mit jedem Futternapf, indem wir einfach zum Futter geeignete Einstreumaterialien (siehe Kapitel 5.1.3.) hinzufügen. Wichtig ist, dass wir die Vögel nicht überfordern und sie lernen, dass sich ihre Körner inmitten der Einstreu befinden. Also geben wir am Anfang nur so viel Einstreu in die mit Futter bestückten Näpfe und Wühlschüsseln, dass die Vögel ihre Körner noch gut sehen können. Beobachten Sie genau, ob Ihre kleinen Kakadus sich alle bedienen. Langsam können wir den Anteil der Einstreu erhöhen. Nach diesem Lernschritt werden unsere kleinen Australier auch dann auf Futtersuche gehen, wenn ihr Futter komplett von der Einstreu verdeckt ist. Die Beschäftigungsdauer erhöht sich mit diesem einfachen Mittel spürbar.

*Acryl-Futterverstecke haben den Vorteil, dass die Vögel ihr Futter sehen.*

*Nico zieht am Hebel und das Futter fällt eine Etage nach unten.*

### 10.6.3. Denksport für schlaue Köpfe

Jetzt fliegen Ihre geliebten Vögel von einer Futterstelle zur nächsten und suchen mit einem großen Zeitaufwand in der Einstreu nach ihren Körnern. Nicht zu vergessen ist natürlich der tägliche Genuss des vielfältigen Grünfutters. Soweit haben Sie schon unglaublich viel Gutes für die Gesundheit und das Wohlbefinden Ihrer gefiederten Lieblinge geschafft. Ein Grund zur Freude und gleichzeitig Motivation für den nächsten Schritt: die kognitive Herausforderung. Die schlauen Köpfe müssen schließlich auch etwas zu tun bekommen. Im gut sortierten Fachhandel finden wir viele Arten an Futterverstecken, welche die Vögel vor unterschiedliche Aufgaben stellen. Nach deren Bewältigung gelangen sie ans Futter. Es müssen Deckel hochgehoben, weggedreht oder hochgedreht werden. Es muss an Hebeln gezogen oder an Rädern gedreht werden. Wichtig ist immer, dass das gewählte Futterversteck nicht zu groß und zu schwer für unsere zierlichen kleinen Kakadus ist.

*Wenn zwei sich streiten, freut sich der Falco. Wichtig ist, dass der schwächste Vogel andere Futterstellen vorfindet!*

*Vier Futterboxen mit vier unterschiedlichen Öffnungsmechanismen. Eins nach dem anderen einzuführen, verhindert Frust.*

*Nico knackt auch schwierigere Futterverstecke.*

Gerade beim Einstieg in die Welt der Futterverstecke ist es vorteilhaft, dass der Vogel sein Futter sehen kann und weiß, welcher Gaumenschmaus auf ihn wartet. Dies kann beispielsweise ein erkennbares Versteck aus Acryl sein. Da gilt es für uns als Halter immer ein wachsames Auge zu haben und es den Vögeln anfangs so einfach wie möglich zu machen.

Bleiben die Erfolgserlebnisse aus, macht sich schnell Frust breit und die Futterverstecke werden ignoriert. Warum sollte sich der gefiederte Liebling auch anstrengen und abmühen, wenn er nicht ans Ziel kommt? Nach und nach wird die Suche in kleinen Schritten immer schwieriger gestaltet.

Ihr Erfolg gibt den Vögeln recht und sie lösen immer komplexere Aufgaben. Die unterschiedlichen Vorlieben und Lösungsansätze der Vögel sind spannend zu beobachten. Nico ist beispielsweise der absolute Spezialist beim Knacken einiger Acrylspielzeuge. Molly hingegen liebt es, Deckel herauszuziehen und möglichst weit wegzuschleudern. Lotte stürzt sich gleich auf Verstecke, bei denen sie die Körner einzeln aus Löchern herausfummeln muss, und Falco dreht gerne an diversen Schiebern. Lassen Sie sich am besten gleich vom Tüftlergeist Ihrer gefiederten Freunde überraschen und begeistern. So konnte ich schon beobachten, dass Molly und Nico eine Klappe mit vereinten Kräften öffneten. Kurz darauf änderte sich diese Zusammenarbeit jedoch. Molly knallte exakt diese Klappe schwungvoll zu, als sich ihr Nico zielstrebig näherte. Absicht oder Zufall? Nur Molly kennt die Antwort.

*Vier bunte Holzdreiecke mit je drei Futtermulden. Mehrere Vögel können gleichzeitig fressen.*

### *Einfache Futterverstecke schnell selbst basteln*

*Futter in Papier einpacken - fertig.*

*In ein Stück Holz ein paar Löcher bohren, mit einer Edelstahl-Ringschraube aufhängen und fertig ist ein neues kleines Futterversteck.*

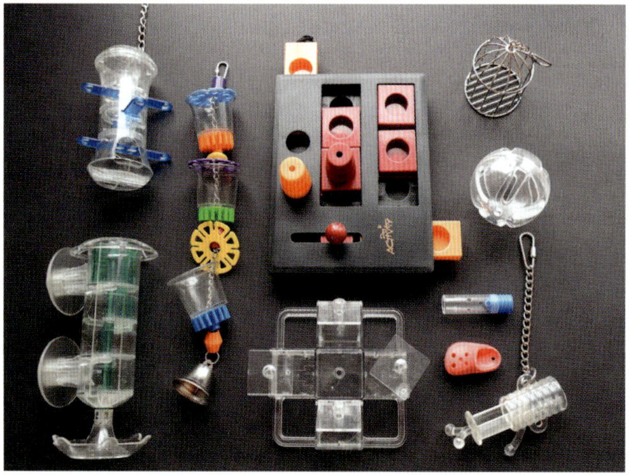

*Varianz an Futterverstecken.*

## 10.7. Leckeres aus der Küche

### Sonntagsessen – Kartoffelstampf mit frischen Kräutern

Immer wieder bot ich meinen vier gefiederten Freunden gekochte Kartoffelstücke auf ihrem täglichen Gemüseburger an. Sie straften die Kartoffeln stets mit Ignoranz. Keine Chance, ihnen diese leicht verdauliche Kost im wahrsten Wortsinn schmackhaft zu machen. Eines Tages zerbrach das Kartoffelstück und ich griff zu Plan B. Ich zerdrückte es mit einer Gabel und mischte ein wenig der heiß begehrten und streng limitierten roten Kolbenhirse darunter. Meine Hoffnung war, dass sie in ihrer Gier nach dem Leckerbissen auch ein wenig Kartoffelstampf aufnehmen würden und so nach und nach auf den Geschmack kämen. Was dann geschah, war für mich ebenso überraschend wie begeisterungsfähig. Meine kleinen Kakadus stürzten sich auf den Kartoffelstampf, als gäbe es kein Morgen mehr. Zuerst dachte ich natürlich, sie würden nur ihre Lieblingskörner herauspicken. Weit gefehlt! Die Begeisterung galt tatsächlich dem Kartoffelstampf. Das Schüsselchen wurde sogar mit großer Sorgfalt ausgeleckt, so dass nichts, aber auch gar nichts übrig geblieben ist. Andere Nymphensittiche teilen diesen Geschmack. Dieses Beispiel macht deutlich, dass manchmal vermeintliche Kleinigkeiten für unsere kleinen Krummschnäbel den großen Unterschied machen.

### Zutaten

- 1 kleine Bio-Kartoffel, festkochend
- Frische Triebe der Brennnessel
  Beim Pflücken bitte feste Handschuhe tragen!
- Vogelmiere
- Gänseblümchen Blüten

### Rezept

- Eine Bio-Kartoffel gut waschen, schälen und in kleine Stücke schneiden.
- In kochendem, nicht gesalzenem Wasser garen.
- Kartoffeln stampfen oder mit einer Gabel zerdrücken. Eventuell etwas Kochwasser oder Kräutertee zugeben.
- Kartoffelstampf abkühlen lassen.
- In der Zwischenzeit die Brennhaare der Brennnessel mit einem Nudelholz brechen und damit „unschädlich“ machen.
- Die Kräuter waschen und kleinschneiden.
- Die kleingeschnittenen Kräuter mit dem Kartoffelstampf mischen.
- Mit den gewaschenen Blüten der Gänseblümchen anrichten.
- Schmeckt nach Frühling - Guten Appetit!
- Tipp: Bieten Sie Ihren "Gourmetschnäbelchen" den Kartoffelstampf gerne auch mit anderen frischen oder getrockneten Kräutern an.

*Kartoffelstampf schmeckt allen.*

### Buntes Gemüse-Porridge

Diese kleine Köstlichkeit mit verschiedenen Gemüsearten und Haferflocken kostete ausgerechnet mein Gemüseskeptiker Falco als erster. Lotte tat es ihm gleich und auch Molly ließ sich nicht lange bitten. Nur der kleine Nico ließ sich nicht so schnell begeistern.

### Zutaten

- 1 EL Haferflocken
- 1 Stück Gurke
- 1 Radieschen
- 1 Cocktailtomate
- 1 Stück Fenchel
- 1 Stück Karotte
- 1 Stück Pastinake
- Löwenzahnblätter und Blüten

### Rezept

- Die Haferflocken in einen Topf geben, mit Wasser bedecken und fünf Minuten quellen lassen.
- Das Gemüse kleinschneiden und pürieren. Es dürfen gerne kleine Stückchen bleiben.
- Das Gemüsepüree zu den Haferflocken geben.
- Die Mischung zum Kochen bringen.
- Fünf Minuten weiter köcheln lassen.
- 30 Minuten quellen und abkühlen lassen.
- Zusammen mit den zerkleinerten Löwenzahnblättern und -blüten anrichten.

*Dieses Porridge hat selbst den Gemüse-Skeptiker Falco begeistert!*

*Hygiene: Damit der Kleine gesund bleibt.*

## 10.8. Wasser- und Futterhygiene

Gehören Sie zu den Menschen, die gerne putzen? Für meinen Teil kann ich das definitiv verneinen. Dennoch ist mir die Hygiene bei meinen vier Papageien sehr wichtig, so dass ich mindestens einmal täglich für Ordnung und Sauberkeit sorge. Dies dient nicht vorrangig der Optik, sondern hauptsächlich der Gesundheit meiner vier kleinen Kakadus. Dazu gehören nicht nur das tägliche Reinigen der Voliere und Sitzplätze, sondern auch im besonderen Maße strenge Hygiene bei Wasser und Futter. Es sollte selbstverständlich sein, dieses mindestens einmal am Tag zu wechseln. Grünfutter verdirbt insbesondere bei höheren Temperaturen sehr schnell, so dass es nach wenigen Stunden ausgetauscht werden muss. Alle Näpfe sind täglich gründlich zu reinigen und sollten danach circa 24 Stunden trocknen. Die richtige Lagerung des Futters ist genauso wichtig wie die des Grünfutters. Körnerfutter sollte aus hygienischen Gründen nach maximal sechs Wochen verbraucht sein. Besser ist es also kleinere Mengen zu kaufen und diese in Kunststoffvorratsdosen zu lagern. Das Thema Hygiene ist unglaublich wichtig. Umweltkeime breiten sich ohne eine gewissenhafte Hygiene schnell aus und machen unsere Heimvögel krank. Daher möchte ich Ihnen gerne folgende Lektüre ans Herz legen.

**Lesetipp**

***Für mehr Sicherheit im Alltag:***
***WP Wellensittich & Papageien Magazin: Sonderheft Hygiene (2023), Arndt-Verlag.***

## 10.9. Achtung Frühlingsgefühle

Mit der Gabe mancher Futtermittel sollte man sehr zurückhaltend sein, denn sie fördern den Bruttrieb. Von Züchtern, die ihre Großpapageien stimulieren möchten, werden diese gerne zur Stimulation eingesetzt. Dazu gehören neben Quell- und Keimfutter auch das ebenso beliebte Kochfutter. Ein hoher Eiweißgehalt lässt den Hormonspiegel rasant in die Höhe schnellen. Eifutter und andere tierische proteinreiche Futtermittel sind ebenso zu nennen wie eiweißreiche Gemüsesorten. Da ich immer versuche, den Bruttrieb so gering wie möglich zu halten, verzichte ich auf die Fütterung der proteinhaltigen Kost. Bisher hat es zusammen mit anderen Maßnahmen insoweit gut funktioniert, als dass Molly und Lotte noch keine Eier gelegt haben.

# 11. Nymphensittiche verstehen - Vertrauen aufbauen

Um unseren kleinen Kakadus gerecht zu werden, rentiert sich ein Blick hinter ihre unglaublich süße Fassade. Dahinter finden sich spannende Charaktere, die alle ihre eigenen Vorlieben, Stärken und Schwächen haben. Der eine stürzt sich wagemutig von einem Abenteuer ins nächste, der andere hält sich lieber vornehm zurück und beobachtet zuerst einmal, wie es seinen Kumpels so ergeht. Für mich ist es immer wieder spannend, meine Federbande zu beobachten.

***Auf diese Signale sollten wir immer achten***

- *Ist das Gefieder angelegt, locker oder geplustert?*
- *Ist der Körper angespannt oder entspannt?*
- *Ist die Körperhaltung aufgerichtet und lang oder geduckt?*
- *Wie verhalten sich die anderen Gruppenmitglieder?*
- *In welcher Situation erfolgt ein Verhalten?*

*Bild 01*

## 11.1. Was will mein Nymphensittich sagen – Körpersprache

Die Haube unserer kleinen Kakadus dient häufig als Stimmungsbarometer. Reicht die Stellung der Haube aber wirklich aus? Steht das „Engelchen machen" immer für pure Lebensfreude? Nein, denn die Körpersprache ist sehr viel komplexer und vielschichtiger.

*Bild 02*

*Bild 03*

*Bild 01 bis Bild 03: Angelegtes Gefieder, Anspannung und ein starrer Blick stehen für Unbehagen.*

**Ist das alles gruselig**
Unbehagen hat viele Gesichter. Am offensichtlichsten ist es wohl, wenn unsere Nymphensittiche sehr angespannt, quasi „starr vor Angst" sind. Zwei Nymphensittiche (Bild 01) fixieren skeptisch einen Graureiher, der über die Voliere fliegt. Die Körper von Nico (Bild 02) und Lotte (Bild 03) sind gestreckt, das Gefieder ist dicht angelegt. Beide Nymphensittiche wirken sehr lang und schlank, während die Hauben unterschiedliche Stellungen haben. Durch das angelegte Kopfgefieder scheinen die weit geöffneten Augen hervorzutreten. Häufig folgt ein Warnruf und alle Vögel fliegen gleichzeitig auf, um zu flüchten.

***Entspannt oder ängstlich?***

*Als Falco frisch bei mir eingezogen war, saß er stundenlang auf dem gleichen Ast im unteren Bereich des Käfigs. Sein Gefieder war locker. Auf den ersten Blick hätte man meinen können, dass er entspannt döste. In Wirklichkeit fühlte er sich äußerst unwohl und war gestresst. Die neue Umgebung war für ihn gruselig und verängstigte ihn. Dies erkannte ich daran, dass er sich nur im absoluten Zeitlupentempo bewegte.*

Erschrecken meine vier Nymphensittiche in ihrer Außenvoliere und flüchten in Panik, hängen sie danach meistens am Volierengitter. Auffällig ist, dass sich die Vögel nicht nur mit ihren Füßen festhalten, sondern auch ihren Schnabel im Gitter einhaken.

**Achtung Verwechslungsgefahr:** Auch bei Dauerstress, z.B. durch eine zu kleine Voliere, oder bei einer Erkrankung des Atmungstraktes, hängen sich Nymphensittiche mit Füßen und Schnabel an das Volierengitter!

**Hau bloß ab**

*Bild 04: Drohen: Schnabel geöffnet, Kopfgefieder und Haube angelegt.*

Nymphensittiche sind sehr umgängliche soziale Schwarmtiere. Dennoch kommt es auch in der harmonischsten Gruppe immer mal wieder zu Streitereien, die jedoch meist harmlos verlaufen. Nicht ganz leicht zu sehen sind die ersten Drohungen. Falcos Gefieder (Bild 04) und Haube sind angelegt und sein Blick gilt dem ungeliebten Eindringling. Spätestens das leichte Öffnen des Schnabels zeigt, dass der Vogel genervt ist. Jetzt heißt es, seinen Wunsch

Bild 05

zu respektieren und auf Abstand zu gehen. Zieht sich der Eindringling nicht zurück, wird das Abwehrverhalten sehr viel deutlicher. "Schnabelgefechte" sind eine häufige Folge. Diese verlaufen in aller Regel unblutig, denn die Vögel hacken in die Luft, während sie ihre Körper weit aufrichten. Beim Streit dieser beiden Vögel (Bild 05 bis 07) ist für beide Vögel Schluss mit lustig. Sie spreizen ihr Schwanzgefieder und öffnen ihre Flügel. So erscheint ihre Silhouette größer. Sie schreien sich laut und schrill an. Deutlicher können sie ihrem Ärger kaum Luft machen. Territorial bedingte Kämpfe zwischen männlichen Tieren können auch in der Luft ausgetragen werden.

*Bild 05 bis Bild 07: Aggression: Angelegtes Häubchen, Schreien, Abspreizen von Flügeln und Schwanzgefieder.*

Bild 06

Bild 07

## Frühlingsgefühle

Die Balzrituale gestalten sich bei den beiden Geschlechtern sehr unterschiedlich. Männchen beeindrucken mit ihrem Gesang ihre Weibchen. Dazu werden die Flügel angehoben, so dass die klassische Herzchenflügel-Form entsteht. Die Haube ist leicht angelegt und es wird getanzt: dabei wiegen sie sich hin und her, laufen und hopsen (Bild 08). Häufig beobachtet man auch, dass sie mit ihrem Schnabel fest auf den Boden klopfen. Es ist zum Dahinschmelzen, wie die kleinen Kakadus um ihre Liebste werben. So spektakulär die Männchen singen und tanzen, so unspektakulär gestaltet es sich bei den Weibchen. Sie ducken sich flach auf ihren Sitzplatz. Ihr Rücken ist nach unten gebogen. Ihr Kopf zeigt nach oben und die Haube ist angelegt. Molly (links Bild 09) signalisiert durch Fiepen oder Quietschen ihre Paarungsbereitschaft und fordert den Partner zum Tretakt (Paarung) auf.

Während der Brutzeit zeigen unsere Vögel einen ausgeprägteren Nagetrieb. Entsprechendes Schreddermaterial muss den Vögeln immer zur Verfügung stehen. Schauen die Nymphensittiche in Löcher, Spalten und Ritzen, suchen sie ganz offensichtlich eine geeignete Bruthöhle. Um keine ungewollte Brut im Wohnzimmerschrank zu provozieren, versuche ich alle Ritzen und interessanten dunklen Verstecke zu verbauen. Das Vorhandensein vermeintlicher Bruthöhlen fördert den Bruttrieb.

*Bild 08: Das Männchen singt und tanzt mit Herzchenflügeln.*

*Bild 09: Brutigkeit: Das Weibchen duckt sich flach auf seinen Sitzplatz.*

***Herzenswunsch***

*Balzen Nymphensittichmännchen Spielzeuge, Möbelrollen oder ihre Halter an, so fehlt der richtige Partnervogel. Weibchen, die sich dem Halter anbieten, oder unter dem Zwang stehen Eier zu legen, zeigen so ihre Einsamkeit. Streichelt sich ein Vogel selbst mit Hilfe eines Spielzeugs, so drückt er hiermit seinen sehnlichen Herzenswunsch nach einem Nymphensittich-Partner aus. Mit viel Geduld und Einfühlungsvermögen lassen sich auch Nymphensittiche aus jahrelanger Einzelhaltung erfolgreich verpaaren!*

**Seite an Seite**

Nymphensittiche verbringen den größten Teil des Tages gemeinsam. Es wird geschlafen, gekuschelt, gespielt und Futter gesucht. Die gegenseitige Gefiederpflege dient der Paarbindung. Dabei werden nicht nur die Federspulen geöffnet. Es wird innig gekuschelt und geschmust, so dass es uns Haltern, als stillen Beobachtern, ganz warm ums Herz wird.

Harmonische Paare sitzen so dicht nebeneinander, dass sich ihre Flügel berühren. Diese Nähe wird als Kontaktsitzen bezeichnet und zeigt deutlich, wie wichtig die Beziehung mit dem Partnervogel ist.

*Bild 10*

*Bild 11*

*Bild 10 und Bild 11: Synchrones Paarverhalten und gegenseitige Gefiederpflege festigen die Paarbindung.*

**Hipp, Hipp, Hurra – oder auch nicht...**

Molly hängt sich häufig kopfüber an einen Ast, ein Seil oder eine Schaukel. Sie breitet dabei die Flügel weit aus. Dieses Verhalten bezeichnet man als „Engelchen machen". Lotte und Molly lieben es auch so zu duschen (Bild 12). „Engelchen machen" gilt als Ausdruck von Übermut und Lebensfreude. Sie ahnen es bestimmt schon? Keine Regel ohne Ausnahme: Krankheitsbedingt mussten meine vier Nymphensittiche im Sommer für die Dauer von zwei Wochen in ihrer Innenvoliere bleiben. Nach einigen Tagen zeigte Falco vermehrt Engelchen. In diesem Fall war das ein Zeichen für den Platzmangel und das Defizit an Bewegung. Für uns Halter also kein Grund, sich über die Engelchen zu freuen. Sobald sie wieder ihre großzügigen Freiflug-Zeiten morgens und nachmittags genießen konnten, verschwand dieses Verhalten. Ich freue mich, dass die Engelchen jetzt wieder ein Ausdruck von Übermut und Lebensfreude sind.

*Bild 12: Nicht immer ein Ausdruck von Lebensfreude: „Engelchen machen".*

**Heiß und kalt**

Ist es den Nymphensittichen zu heiß, legen sie ihr Gefieder eng an und stellen ihre Flügel leicht ab. Dabei ist ihr Schnabel geöffnet und sie hecheln. Dies geschieht zur Abkühlung, denn Nymphensittiche können nicht schwitzen. Nicht nur für kränkelnde Tiere kann diese Hitzebelastung des Kreislaufs lebensgefährlich werden. Deshalb müssen wir gut auf unsere Vögelchen aufpassen, ihre Signale ernst nehmen und für Abkühlung sorgen. Steht den Vögeln kein kühlerer Ort zur Verfügung, kann eine Dusche, sofern die Vögel es kennen und keine Angst davor haben, für etwas Erleichterung sorgen. Bei kühler und kalter Witterung plustern sie stark, um die Körperwärme bestmöglich zu halten.

Wie wir Menschen, haben unsere Vögel auch ein sehr individuelles Temperaturempfinden. Falco zieht sich als erster zurück in den Schatten, während Molly die Sonne noch in vollen Zügen genießt. Im Gegenzug ist Molly immer die Erste, die bei kühleren Temperaturen zurück in die Wohnung kommt. Für uns Halter gilt es stets, die Körpersprache aller Individuen im Blick zu haben, um entsprechend reagieren zu können.

**Guck mal, ist ja interessant**

Molly und Lotte lieben es, genau wie ihre Artgenossen, die Umwelt aufmerksam zu beobachten. Die Körperhaltung ist dabei aufrecht und das Gefieder liegt locker an. Die Haube wird meistens leicht aufgestellt. Insbesondere in der Außenvoliere gibt es zahlreiche Umweltreize, die für die Vögel spannend sind, sie beschäftigen und ihren Alltag bereichern.

Erkunden die Vögel ihre verschiedenen Sitz- und Spielplätze, ist der Wechsel zwischen entspanntem Interesse und leichter Anspannung sehr gut zu beobachten. Die Haube wechselt häufig zwischen leicht angelegt und aufgestellt. Das Gefieder am Körper liegt, je nachdem, wie gelassen der Vogel gerade ist, mehr oder weniger dicht an. Bei neuen Spielsachen ist einer in der Gruppe meist der „Vorkoster", der nachschaut, ob das Spielzeug ihn nicht doch frisst. Die anderen beobachten das ganz genau und spiegeln mit ihrer Körpersprache die des mutigen Vorreiters.

*Bild 13: Entspannt und aufmerksam beobachten.*

Bild 14: Relaxen: Kugelrund mit angezogenem Fuß und Schnabelknurpseln.

**Bitte nicht stören.** In Ruhephasen, wenn die Vögel entspannen und dösen, ist das Gefieder deutlich aufgeplustert. Der Körper sieht aus wie eine kleine Federkugel. Meist sitzen sie auf einem Bein, das andere wird so weit angezogen, dass es im Gefieder verschwindet. Die Haube ist meist leicht aufgestellt. Mit dem Schnabel wird mit offenen oder geschlossenen Augen genüsslich "geknurpselt" und geknirscht. Schlafen die Vögel, so ist der Schnabel häufig zwischen den Flügeln in das Rückengefieder gesteckt.

**Achtung Verwechslungsgefahr!**

*Plustern kann auch auf ein Unwohlsein hindeuten. Ist ein Nymphensittich weniger aktiv, spielt er nicht mehr und schläft auffällig lange, sind das alles Warnsignale, die auf eine Krankheit hindeuten können.*

## Jeder Vogel ist einzigartig

*Bild 15: Lotte erschreckt sich beim Landen. Da sich das Holzklötzchen wegdreht, zieht sie schnell ihren linken Fuß hoch: Der Schnabel ist weit geöffnet.*

*Bild 16: Lotte versucht mit ihrem linken Fuß wieder Halt zu bekommen: Schnabel geöffnet.*

Nymphensittiche sind sehr ausdrucksstarke Vögel, die deutlich ihre Stimmungen zeigen. Jedes Individuum hat überdies noch seine ganz eigene Art, sich auszudrücken. Lotte öffnet beispielsweise leicht ihren Schnabel, wenn sie überrascht und aufgeregt ist, weil sich, wie in der Bilderserie, der Landeplatz unter ihren Füßen wegdreht.

*Bild 17: Lottes Fuß steht sicher: Schnabel fast geschlossen.*

**Praxistipp**

*Unterschiedliche Stimmungen liegen dicht beieinander, die Körpersprache kann rasant wechseln. Aus Drohen wird in Sekundenschnelle Angst, aus Entspannung wird Anspannung und Unbehagen. Es ist nicht einfach, alle Signale immer im Blick zu haben. Beobachten Sie ganz genau und Sie entdecken die vielfältigen Signale Ihrer gefiederten Freunde mit etwas Übung immer besser. Filme und Fotoserien helfen dabei hervorragend. Es wird nie langweilig, immer weiter in die reiche Körpersprache unserer gefiederten Lieblinge einzutauchen, versprochen!*

## 11.2. Vertrauen aufbauen - Erlaubt und nicht erlaubt

Vom ersten Tag an wünschte ich mir nichts sehnlicher, als dass es meinen beiden gefiederten Jungs gut ginge und sie mir nach und nach ihr Vertrauen schenken würden. Doch welchen Grund hätten Nico und Falco dafür gehabt? Erstmal keinen! Sie hatten bereits schlechte Erfahrungen mit Menschen gesammelt und daraus gelernt, dass Menschen für sie Gefahr bedeuten. Als Flucht- und Beutetier sind sie zudem immer in Alarmbereitschaft. Ich war schlicht die angsteinflößende Körnchengeberin. Am besten fanden sie es, wenn sie mich von hinten oder im Optimalfall überhaupt nicht sahen. Was also konnte ich tun, damit die Angst weichen und Vertrauen wachsen konnte?

### Angst vor Neuem ist ihnen ins Ei gelegt

Die Angst vor Neuem, die sogenannte Neuphobie, ist unseren charismatischen Vögeln ins Ei gelegt. Jede Veränderung bedeutet für sie eine potentielle Gefahrenquelle. Das kann ein neues Spielzeug sein, oder ein Pullover, den wir tragen. Jetzt denken Sie bestimmt, dass diese Aussage im Widerspruch zur Bereicherung durch das Tauschen von Sitzstangen und Spielzeug steht? Sie haben recht, wir müssen bei allen Änderungen immer mit Bedacht vorgehen.

*Alles, was sich bewegt, könnte eine Gefahr sein.*

**Gewusst wie**

*Je unsicherer und ängstlicher die Vögel sind, desto kleiner sollten die Änderungen ausfallen. Im Laufe der Zeit lernen die Vögel, dass Änderungen keine Bedrohung für sie sind.*

Wichtig ist es immer, die Nymphensittiche nicht mit Neuerungen zu stressen. Neue Spielzeuge können Sie anfangs in sicherem Abstand von der Voliere präsentieren. Die Vögel können diese eingehend studieren und in kleinen Schritten rücken wir sie nach und nach näher an die Voliere. Es gilt stets behutsam vorzugehen, um auch dem ängstlichsten kleinen Kakadu gerecht zu werden. Hier ist unsere Geduld gefragt. Auch wenn wir uns noch so sehr über das tolle neue Spielzeug freuen, gilt es unserer Versuchung zu widerstehen, es sofort in die Voliere zu hängen.

Anfangs ist das leichter gesagt als getan, denn allzu häufig verhalten sich unsere Vögelchen anders, als wir es vermuten. So hatte ich etwa 1/2 Jahr, nachdem Nico und Falco eingezogen waren, ein neues, ganz tolles Spielzeug in ihren Käfig gehängt. Es war eine Acrylglasbox, die mit unterschiedlichen Beschäftigungsmaterialien gefüllt war. Diese können durch Schlitze hindurch beknabbert werden. In meinen Augen eine fantastische Neuanschaffung! Meine beiden Jungs sahen das allerdings völlig anders. Sie waren entsetzt über diesen Fremdling, der sie bestimmt gleich fressen würde. Sie wagten sich noch nicht einmal mehr an ihr Futter, das ich damals noch im Käfig servierte.

**Stress vermeiden**

*Wagt sich ein Vogel nicht mehr in seine Voliere, weil das neue Spielzeug ihn ja beißen oder fressen könnte, müssen wir es sofort entfernen.*

*Ob das neue Spielzeug Falco beißen will?*

Selbst als ich das Spielzeug aus dem Käfig entfernt hatte, wagte es noch nicht einmal der mutigere Nico diesen zu betreten. Sie übernachteten im Wohnzimmer. Am nächsten Morgen lockte der Futternapf sie irgendwann dann doch in ihren Käfig, aus dem das fürchterliche Spielzeug schon lange verschwunden war. Endlich, geschafft! Ich wollte natürlich nicht aufgeben und immer wieder Änderungen vornehmen. Das tat ich auch, und jetzt werden viele Neuerungen sofort untersucht. Die Vögel haben sich an die Änderungen gewöhnt. Durch das tägliche Clickertraining wurden beide zu selbstbewussten Persönlichkeiten, die mir ihr Vertrauen schenken. Als Nico verletzungsbedingt wochenlang in der Innenvoliere bleiben musste, nahm ich jeden Tag kleine und große Änderungen vor. Mal ein anderer Sitzplatz, ein neues Spielzeug und frische Äste und Zweige. So wirkte ich Langeweile entgegen. Das wäre früher undenkbar gewesen und war jetzt ein willkommener Baustein, um die Zeit ohne Freiflug zu überbrücken.

**In der Ruhe liegt die Kraft - Wie wirke ich auf meine Nymphensittiche?**

Gestatten Sie mir bitte eine Frage, wie sie eher in einem Bewerbungsgespräch zu erwarten ist: „Sind Sie extrovertiert, zielstrebig, durchsetzungsfähig und dominant?" Können Sie diese Fragen mit „Ja" beantworten, dann habe ich eine gute und eine schlechte Nachricht. Im Arbeitsalltag sind diese Charaktereigenschaften häufig sehr hilfreich, im Umgang mit Nymphensittichen allerdings leider eher weniger. Im Gegenteil: Forsche Menschen, die gerne mit ihren Händen reden, verängstigen die zierlichen Vögel. Gehen wir forsch und zielstrebig auf einen Vogel zu, dann fühlt er sich bedrängt und hat Angst. Für uns Menschen ist eine gewisse Durchsetzungsfähigkeit wichtig. Was im Umgang mit anderen Menschen häufig zum Erfolg führt, ist im Umgang mit Nymphensittichen zum Scheitern verurteilt. Die Vögel werden weder auf die Hand, noch zurück in die Voliere gehen, wenn wir sie unter Druck setzen. Wir müssen lernen, uns den Vögeln ruhig und langsam zu nähern und dabei ihre Körpersprache zu respektieren. Ein Tier, das Angst vor uns hat, wird kein Vertrauen zu uns aufbauen. Also üben wir uns in Zurückhaltung. Je ruhiger und gelassener wir mit unseren Vögeln interagieren, desto schneller können sie sich in unserer Gegenwart entspannen.

Eine erste zaghafte Annäherung an den verängstigten Falco erreichte ich, als ich mich circa zwei Meter von ihm entfernt hinsetzte und kurz mit ihm erzählte, sang oder Blödsinn machte. Er genoss diese Aufmerksamkeit sichtbar. Hierbei gilt stets die Regel: Besser: 5-mal am Tag je fünf Minuten, als 1-mal am Tag 25 Minuten. Hatte ich die Situation falsch eingeschätzt und Falco zeigte kein Interesse an unseren Plauderminuten, textete ich ihn nicht weiter zu, sondern unternahm zu einem späteren Zeitpunkt einen neuen Versuch. Falco brachte mir bei, dass er das Zepter unter seinem Flügel hielt. Er sagte, ob er Lust hatte sich mit mir zu unterhalten oder nicht. Und er gab auch das Tempo vor, mit dem ich mich ihm nähern durfte. Das Respektieren seiner Entscheidungen war der erste Schritt auf unserem gemeinsamen Weg des Vertrauens.

*Falco ist an unseren Plauderminuten interessiert.*

## 11.3. Immer schön positiv bleiben - Clickertraining

### 11.3.1. Blick über den Tellerrand – Was wir von Zoos lernen können

Fragen Sie sich, was das Elefantenmotiv in einem Haltungsratgeber für Nymphensittiche verloren hat? Mit einem kurzen Blick auf die Altersresidenz für Elefanten im Zoologischen Stadtgarten Karlsruhe möchte ich Sie gerne für die nahezu unbegrenzten Möglichkeiten durch Training sensibilisieren. In modern geführten Zoos ist neben diversen Beschäftigungsangeboten das Training unterschiedlicher Tierarten längst eine wichtige Säule der Haltung geworden. Das Medical Training macht beispielsweise stressfreie Untersuchungen möglich. Gleichzeitig wächst das Vertrauen zwischen Pfleger und Tier und diese werden kognitiv gefordert. Für die Tiere sind alle Maßnahmen völlig stressfrei und freiwillig! Im Zoologischen Stadtgarten Karlsruhe freut man sich darüber hinaus über einen weiteren Trainingshöhepunkt: Aus Jenny und Saida sind beste Freundinnen geworden. Eine Selbstverständlichkeit ist das keineswegs. Beide Elefantendamen waren in ihren früheren Haltungen leider immer Außenseiterinnen und galten als sehr schwierige Charaktere. Ihr Aufeinandertreffen war anfangs von dominantem Verhalten geprägt. Wie schaffte es das engagierte Team in Karlsruhe, dieses Verhalten zu ändern? Gezieltes Training, das rein auf positive Verstärkung setzt, führte nach und nach zu einer Annäherung der eigenwilligen Elefantenkühe. Nach einem ¾ Jahr konsequenten Trainings war es geschafft. Aus den rivalisierenden Außenseiterinnen sind die allerbesten Freundinnen geworden. Jetzt verbringen Jenny und Saida Tag und Nacht gerne gemeinsam. Mit etwas Glück sieht man sie sogar beim gemeinsamen Schlammbad oder Spielen. Ein herzerwärmender Trainings-Erfolg, der Jenny und Saida einen erfüllten Lebensabend an der Seite ihrer besten Freundin ermöglicht. Lassen wir uns von den scheinbar unbegrenzten Möglichkeiten des Trainings begeistern und gemeinsam mit unseren Nymphensittichen davon profitieren. Es lohnt sich, versprochen!

*Aus Außenseiterinnen werden Freundinnen.*

### 11.3.2. Keine Quantenphysik – Basiswissen zum Clickertraining

Kurz nachdem Nico und Falco eingezogen waren, stolperte ich eher zufällig über die Möglichkeiten des Clickertrainings. Ich war begeistert und ließ sogleich Taten folgen. Ich träumte davon, dass die beiden irgendwann Vertrauen zu mir aufbauen könnten und vielleicht in ferner Zukunft sogar auf die Hand kämen. Davon waren sie damals meilenweit entfernt. Dieser Traum ist dank Clickertraining schon längst Wirklichkeit geworden und vieles andere auch. Das Beste am Clickern ist, dass es den Vögeln großen Spaß bereitet. Die schlauen kleinen Kakadus lieben es, mit ihren klugen Köpfen Herausforderungen zu meistern und dafür viel Lob und Aufmerksamkeit zu erhalten. So ist es auch nicht weiter verwunderlich, dass Clicker-As Nico mich unmissverständlich zum gemeinsamen Clickern auffordert. Morgens, zum Start in den Tag, sitzen alle vier Vögel schon auf ihren Trainingsplätzen und warten ungeduldig, bis sie gewogen werden und ihre Medikamente bekommen.

Das Training beruht ausschließlich auf der positiven Verstärkung des von uns gewünschten Verhaltens. Dieses wird mit kleinen Leckerbissen belohnt (positive Verstärkung). Dabei verzichten wir, egal, was passieren mag, auf Bestrafungen. Ungewolltes Verhalten wird einfach komplett ignoriert. Klingt das nicht einfach toll? In der Praxis ist das exakt zeitgleiche Belohnen bei manchen Übungen schwer umsetzbar. Trinkt unser Vogel beispielsweise gerade seine Medizin aus der Spritze, ist es unmöglich, ihm gleichzeitig seine Belohnung zu geben. Wir benötigen also ein Bindeglied, das dem Vogel signalisiert, dass er exakt in diesem Moment das von uns gewünschte Verhalten zeigt.

### Wir führen den Clicker ein

Der Clicker dient als Brückenelement zwischen dem gewünschten Verhalten und der Belohnung. Hört unser Nymphensittich diesen „Click", weiß er sofort, dass er exakt in diesem Moment alles richtig gemacht hat. Er weiß auch, dass er gleich seine Belohnung (positive Verstärkung) bekommt. Das Clickgeräusch muss für unseren Vogel eng mit der Belohnung verknüpft sein. Dieser Schritt wird als „Clicker konditionieren" bezeichnet.

*Alle warten ungeduldig darauf, dass es endlich losgeht.*

### Wir konditionieren den Clicker

Wir erzeugen das Clickgeräusch und geben unserem Nymphensittich unverzüglich einen winzigen Leckerbissen. Ein oder zwei Körnchen Kolbenhirse sind völlig ausreichend, denn es ist in Windeseile gefuttert und ohne große Unterbrechung kann es gleich weitergehen: Click- Lerckerli, Click- Leckerli, ... Nach spätestens zwei Minuten sollten wir aufhören und unserem gefiederten Schüler eine Pause gönnen. In seinem Kopf muss er diese neue Erfahrung erst einmal verarbeiten. Gerne kann diese Konditionierung nochmals wiederholt werden.

**Die Bedeutung des „Click"**

*Das „Click" darf der Vogel nur während des Trainings hören, denn es markiert das von ihm in diesem Moment gezeigte Verhalten und kündigt eine Belohnung an. Hört der Vogel das „Click" auch außerhalb des Trainings, wird die Verknüpfung Click- Leckerli gestört. Damit die Belohnung ihren Wert behält, ist sie nicht mehr frei verfügbar. Sie steht nur noch beim Clickertraining zur Verfügung.*

### Der Trainingsplatz

Bei der Wahl des Trainingsplatzes ist es wichtig, dass der Vogel sich darauf wohlfühlt. Gleichzeitig muss er für Sie als Trainer gut erreichbar sein. Geeignet sind feste Sitzplätze innerhalb der Voliere genauso wie ein Platz auf einem Freisitz. Trainingsständer sind eine perfekte Lösung, aber für den Anfang geht es durchaus auch ohne. Empfehlenswert ist auch, dass jedes Individuum seinen eigenen Trainingsplatz bekommt.

### Das Training kann beginnen

Unser gefiederter Schüler hat gelernt, dass er im Moment des „Click" das gewünschte Verhalten gezeigt hat. Er weiß, dass der „Click" das Versprechen für eine Belohnung ist. Jetzt ist es an uns, diese Versprechung immer zuverlässig zu erfüllen. Wir müssen unseren Vogel immer exakt in dem Moment clicken, in dem er das von uns gewünschte Verhalten zeigt. Dieses präzise Timing ist am Anfang gar nicht so einfach, wie man denkt. Gerade bei den äußerst agilen Nymphensittichen sollten wir unsere Fingerfertigkeit verfeinern, um unsere volle Konzentration auf unseren Schüler verwenden zu können. Mag das Training auch einfach aussehen, so ist es für unsere Vögel dennoch eine anstrengende Hochleistung, die wir nicht unterschätzen sollten. Um unsere Vögel nicht zu überfordern, haben sich kurze Einheiten von 2-3 Minuten bewährt. Wichtig ist, dass wir regelmäßig trainieren.

*So wenig braucht man für das Training: Clicker+ Target+Belohnung.*

**Buchtipp**

***Ann M. Castro (2013): Die Vogelschule: Clickertraining für Papageien, Sittiche und andere Vögel, AdlA Papageienhilfe gGmbH. Hattersheim***

***Ann M. Castro (2008): Die Vogelschule: Mehr Clickertraining für Papageien, Sittiche und andere Vögel (Band 2), AdlA Papageienhilfe gGmbH. HattersheimBretten***

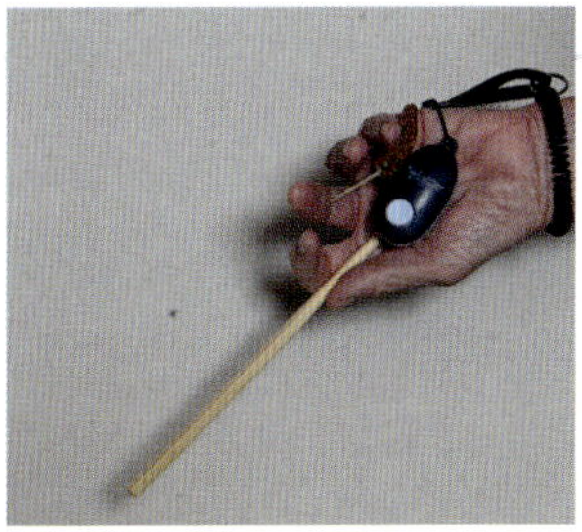
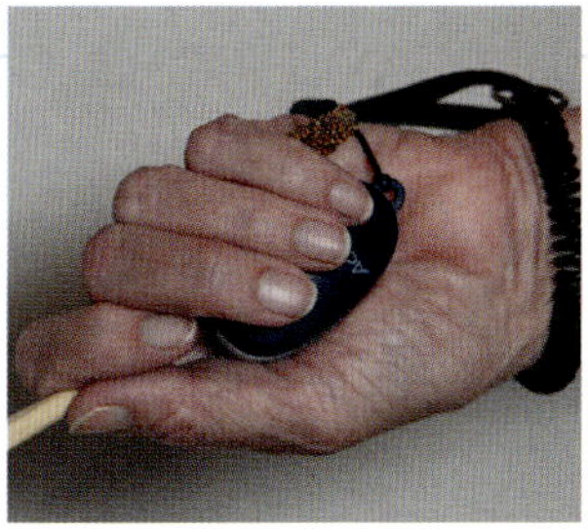

*Clicker+Target+Belohnung – Alles in einer Hand*

## Dem Ziel entgegen

Häufig möchten wir unsere Vögel auf die Hand oder ein „Stöckchen – Taxi" dirigieren. Für das tägliche Handling ist es äußerst praktisch, wenn wir sie zurück in ihre Voliere leiten können. Diese Übungen erlernen unsere Schüler am schnellsten, wenn wir ein Target (Ziel) einführen. Geeignet sind beispielsweise Essstäbchen. Unsere Nymphensittiche lernen nun diesem Target zu folgen. Damit dies möglich wird, markieren wir zuerst jeden kleinen Blick Richtung Target mit einem „Click" und verstärken ihn sofort mit einer kleinen Belohnung. Viele Vögel haben anfangs Angst vor diesem unbekannten Stäbchen in unserer Hand. Es ist immer wichtig, den Vogel nicht zu stressen. Daher halten wir das Target in einer Entfernung, in der unser Schüler kein Abwehrverhalten oder Angst zeigt. Durch die positive Verstärkung können wir diesen Abstand in kleinsten Schritten verkürzen. Dies üben wir so lange, bis wir das Target in unmittelbare Nähe des Schnabels halten können. Jetzt verstärken wir die Bewegung in Richtung Target. Vom schüchternen Blick bis zur Berührung des Targets mit dem Schnabel ermöglichen wir es dem Vogel, dies in kleinsten Schritten zu erlernen. Ist dies geschafft, können wir das Target immer ein klitzekleines Stückchen weiter weg halten, der Vogel geht zu ihm und berührt ihn mit seinem Schnabel. Dies üben wir so lange, bis unser Vogel dem Target sicher folgt. Je kleiner die einzelnen Schritte von uns Trainern gewählt werden, desto schneller gelangen wir gemeinsam mit unserem Vogel ans Ziel!

### *Kleine „Trockenübung" ohne Vogel*

*Um sich selbst im Umgang mit dem Clicker und den Trainingsabläufen zu üben, aber auch um ein Gefühl für die Herausforderungen, vor denen unser Vogelpartner steht, zu bekommen, hat es sich bewährt, einen guten Freund zu clickern. Denken Sie sich für Ihren Partner eine einfache Übung, wie zum Beispiel das Öffnen einer Tür, aus, und die Übung ohne Vogel kann beginnen. Usus ist, dass man nicht miteinander reden darf. Spielen Sie den Trainer, werden Sie schnell sehen, was Ihr Gegenüber versteht und wo es noch Verbesserungspotential von Trainerseite gibt. Ist die Aufgabe gelöst, tauschen Sie die Rollen und lassen sich clickern. In der Rolle des Vogels wird schnell ersichtlich, wie viel Spaß es macht, mit positiver Verstärkung ans gesteckte Ziel zu gelangen. Ist der Trainer jedoch unzuverlässig oder verlangt uns zu große Schritte ab, fühlt man sich sehr hilflos und der Spaßfaktor sinkt schnell ab. Diese eigene Erfahrung ist sehr hilfreich auf dem Weg zum guten Trainer.*

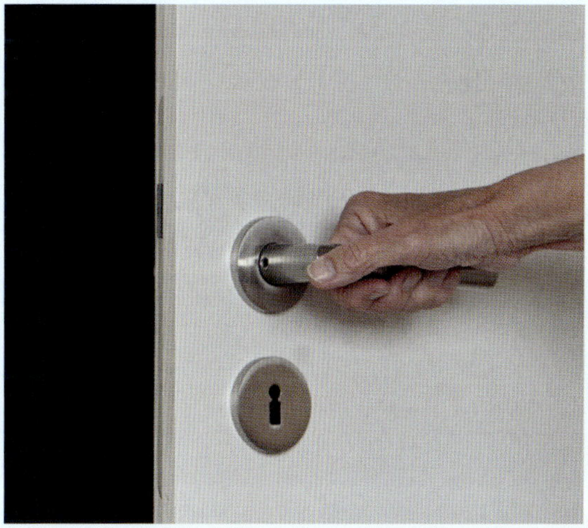

***Klare Signale, Timing und kleine Schritte führen am schnellsten zum Lernerfolg:***

**Bild 1** - Der Blick Richtung Target kann einen Click wert sein

**Bild 2**

**Bild 3**

**Bild 2 und 3:** Annäherung an das Target. Nico hebt sein rechtes Füßchen an und seine volle Aufmerksamkeit gilt dem Target.

**Bild 4** - Exakt im Moment, in dem Nico das Target berührt: „Click"

Während der kompletten Übung bleibt das Target, unabhängig davon, ob der Vogel zum Target geht oder nur einen kurzen Blick Richtung Target wagt, an der gleichen Stelle.

***Übungen für ein gutes Handling im Alltag***

- *Auf die Hand kommen*
- *In die Voliere gehen*
- *Gruselige Sachen desensibilisieren*
- *„Komm" und „Zurück"*

### Immer positiv beenden

Damit unsere kleinen Kakadus auch beim nächsten Training mit Feuereifer bei der Sache sind, beenden wir jedes Training mit einem positiven Erlebnis. Ist ein Training aus dem Ruder gelaufen, machen wir am Ende eine sehr einfache Übung, die der Vogel quasi im Schlaf beherrscht. Zum Abschluss einer Trainingseinheit kann sich unser Schüler immer über eine besonders dicke Belohnung, den Jackpot, freuen. Das Training bleibt in bester Erinnerung. Wetten, dass er beim nächsten Mal wieder mit Begeisterung dabei ist?

### Immer selbstkritisch bleiben

Manchmal will eine Übung einfach nicht richtig funktionieren. Hier kann eine selbstkritische Überprüfung der Trainingseinheit weiterhelfen. Anhand eines einfachen Handyvideos fallen sicherlich Unstimmigkeiten auf.

### Weil es nur Gewinner gibt und Spaß macht

Beim Clickertraining gibt es tatsächlich nur Gewinner. Wir gewinnen das Vertrauen unserer kleinen Kakadus schneller als mit jeder anderen Methode. Dies bedeutet nicht, dass jeder Vogel auf die Hand steigt, sondern hängt von seinen Erfahrungen mit Menschen und seinem Charakter ab. Ob und wie lange es dauert ist also von Vogel zu Vogel unterschiedlich. Entscheidenden Einfluß hat unser Einfühlungsvermögen und unser Talent als Trainer.

*Großer Vertrauensbeweis, der nicht mit jedem Vogel und Halter funktioniert.*

**Praxistipps**

- *Der Vogel ist unser Trainingspartner, dem wir auf Augenhöhe begegnen.*
- *Körpersprache des Vogels beachten und respektieren (Kapitel 11.1.).*
- *Zuverlässiger „Click" bei gewünschtem Verhalten und Belohnung.*
- *Als Belohnung verwenden wir das Lieblingsleckerli unseres Vogels. Dieses erhält er ausschließlich beim Training. So behält es seinen Wert.*
- *Kleine Belohnungen (zum Beispiel ein bis zwei Körnchen Kolbenhirse), um den Trainingsfluss zu erhalten und damit der Vogel nicht gleich pappsatt ist.*
- *Ein ruhiger Trainingsplatz ohne Ablenkung von außen, an dem der Vogel sich wohlfühlt.*
- *Timing- Clicken genau zum Zeitpunkt, an dem der Vogel das gewünschte Verhalten zeigt.*
- *Ignorieren Sie stets unerwünschtes Verhalten. Widerstehen Sie dem Reiz, mit einem scharfen „NEIN" den Vogel maßregeln zu wollen.*
- *Eindeutige Signale, beispielsweise kein Herumfuchteln mit dem Target.*
- *Jede Übung in kleinste Teilschritte unterteilen und clicken. Je kleiner die Teilschritte sind, desto schneller erreichen wir unsere Trainingsziele.*
- *Kurze Trainingseinheiten.*

## 12. Wir können gar nicht wachsam genug sein - Gesundheit

### 12.1. „Man kann gar nicht so dumm denken, wie es kommen kann.“ – Gefahrenquellen

*„Man kann gar nicht so dumm denken, wie es kommen kann.“© Hermann Lahm*

*Der Rosakakadu landet versehentlich auf dem unerfahrenen Nymphensittich-Jungvogel. Ein Unfall, bei dem der Nymphensittich nicht verletzt wurde. Diese Bildserie entstand innerhalb von 43 Millisekunden! Ein Wimpernschlag!*

## Gefahrenquellen

- **Hunde, Katzen, Wildtiere:** Eine nicht zu unterschätzende Gefahr für unsere zierlichen Kakadus geht von anderen Tieren aus. Völlig offensichtlich ist die Gefahr durch andere Haustiere, wie Hunde und Katzen. Wie schnell ist es passiert, dass der gutmütigste Hund sich vom quirligen Nymphensittich einfach genervt fühlt und nach ihm schnappt, oder der Stubentiger seinem Jagdtrieb folgend einen Vogel fängt? Schwerste Bissverletzungen mit Todesfolge können die Folge sein. In der Außenvoliere können Wildtiere gefährlich werden. Eine doppelte Verdrahtung schützt.
- **Ich als Gefahrenquelle:** Meine kleine Molly macht, auf der Suche nach einem heruntergefallenen leckeren Körnchen, täglich ausgiebige Wanderungen auf dem Fußboden. Dabei scheint sie die Gefahr, die durch mich oder meinen Bürostuhl ausgehen könnte, komplett zu vernachlässigen. Für mich heißt das immer zu schauen, wo sie gerade herumsaust, und darauf gefasst zu sein, dass sie auch einmal direkt vor meinen Füßen landet. Für meine unbedarfte Molly bin ich natürlich gerne bereit, mich nur noch schlurfend fortzubewegen.
- **Pflanzen:** Von ihnen können gleich mehrere Gefahren ausgehen. Sie können giftig sein, oder die Erde kann verschimmelt sein. Außerdem besteht die Gefahr einer Metallvergiftung durch poröse, magnetische Steine, die in der Erde enthalten sein können. Gedüngte Erde ist für unsere Vögel in aller Regel giftig. Blumenerde lässt sich gut mit gründlich gereinigten Kieselsteinen abdecken. Bei Pflanzen mit Dornen und Stacheln besteht ein erhöhtes Verletzungsrisiko.
- **Fenster:** Für einen möglichst sicheren Freiflug müssen wir unsere Fenster sichern. Die Vögel sehen sie nicht und können dagegen fliegen. Schwere Traumata können die Folge sein. Die Kenntlichmachung kann beispielsweise mit einer transparenten Gardine erfolgen. Möglich ist auch das Aufbringen ungiftiger Farbe oder Ad-

*Harmonisches Zusammenleben in der begehbaren Großvoliere.*

häsionsfolie. Wichtig ist immer, dass dabei keine Zwischenräume entstehen, die einen Nymphensittich veranlassen können, auf der Flucht hindurchfliegen zu können. Unsere kleinen Kakadus erschrecken sich häufig vor fremden Geräuschen oder den vorbeifliegenden größeren Wildvögeln. Ob sie in einem solchen Fall immer an die Fenster denken würden, halte ich für unrealistisch. Meine vier Nymphensittiche sind neulich so heftig erschrocken, dass sie panisch geflüchtet sind. Nico ist zweimal frontal gegen eine Wand geflogen! Ein Schädeltrauma war die Folge. Wie häufig würde er wohl gegen Fenster fliegen, wenn diese nicht kenntlich gemacht würden?

Fenster, die während der Freiflugzeiten geöffnet sind, müssen durch einen Rahmen mit Volierenverdrahtung gegen das Entfliegen gesichert werden. Auch wenn das Fenster nur gekippt wird!

- **Küche:** Am besten ist es, wenn die Nymphensittiche erst gar nicht in die Küche gelangen, denn hier lauern sehr viele Gefahrenquellen, beispielsweise heiße Herdplatten, Töpfe und Backöfen, Toaster und Teflonpfannen.

**Tödliche Dämpfe: Die sich bei Hitze entwickelnden Dämpfe von Teflonpfannen sind für unsere Papageien hochgiftig und können zum Tod führen!**

- **Vasen, Kannen, Töpfe und Eimer:** Hohlgefäße, aus denen die Vögel sich nicht mehr selbst befreien können, sind unbedingt abzudecken. Bedenken Sie bitte auch, dass Nymphensittiche nicht schwimmen können!
- **Luft:** Die empfindlichen Atmungsapparate unserer kleinen Kakadus reagieren sehr sensibel auf Zigarettenrauch und schlechte Luft. Aber auch Raumdüfte, Reinigungssprays, Duftöle und Duftlampen können zu Vergiftungen führen.
- **Vorhänge:** Nymphensittiche beknabbern sehr gerne die Bleibänder von Vorhängen. Dies führt zu schweren Vergiftungen und endet, zu spät entdeckt oder unbehandelt, tödlich. Unsere Vögel können sich außerdem in Fäden verheddern.
- **Farben und Lacke:** Die meisten Farben und Lacke sind für Vögel giftig.
- **Spalten:** Enge Zwischenräume zwischen Schränken und Wänden können zu gefährlichen Fallen werden. Vögel können in die Spalte stürzen und sich dabei verletzen. Spalten, die breiter als 2cm sind, sollte man vorsorglich abdecken.
- **Stromkabel:** Freiliegend reizen sie Papageien zum Beknabbern. Daher müssen sie beispielsweise in Kabelkanälen, für die Schnäbel unzugänglich, verlegt werden.
- **Türen:** Wir könnten einen Vogel oder seine Füße beim Schließen einquetschen. Zimmer- und Möbeltüren immer langsam und aufmerksam schließen. Außerdem müssen wir stets aufpassen, dass kein neugieriger gefiederter Abenteurer im Schrank oder in einer Schublade sitzt und eingeschlossen wird.
- **Essen:** Das Essen für uns Menschen ist völlig ungeeignet für unsere Vögel. Fett, Salz, Zucker und Gewürze sind für Vögel höchst ungesund. Der Verzehr von Schokolade kann ebenso wie der Verzehr von Avocado tödlich enden!

### 12.2. Jahrescheck und Blaulichteinsatz – Wann zum vogelkundigen Tierarzt?

Vogelkundige Tierärzte beklagen, dass Halter ihre Nymphensittiche erst dann in der Praxis vorstellen, wenn jede Hilfe zu spät kommt. Woran liegt das?

*Ist Falco krank? Er plustert, seine Augen sind halb geschlossen.*

**Meister im Verbergen**

*Unsere kleinen Kakadus verbergen ihre gesundheitlichen Probleme, solange es möglich ist. Dieses Verhalten ist ihnen als Beute- und Fluchttier leider ins Ei gelegt. Daher möchte ich Ihnen den Jahrescheck Ihrer gefiederten Lieblinge ans Herz legen. Je früher eine Krankheit erkannt wird, desto besser ist die Prognose. Darüber hinaus müssen wir Halter uns für die kleinsten Krankheitsanzeichen sensibilisieren.*

Gestatten Sie mir hier noch einen Tipp: Ein Vorteil vom Clickertraining (Kapitel 11.3. und 12.4.) ist, dass wir unsere Vögel sehr gut kennenlernen und wir krankheitsbedingte Veränderungen besser erkennen. Wir sind entscheidend früher dran und können handeln. Es ist nicht meine Absicht Ihnen, liebe Leserinnen und Leser, Angst zu machen. Fakt ist allerdings, dass ohne mein rasches Handeln und die Fahrt zum vogelkundigen Tierarzt keiner meiner vier Nymphensittiche mehr leben würde. Das ist leider kein Einzelfall: Einer meiner Freunde hat die gleiche Erfahrung gemacht.

**Darauf müssen wir immer achten**

- Sitzt einer der Schützlinge apathisch auf seiner Stange und ist stark aufgeplustert?
- Ist der Rücken nicht gerade, sondern abgewinkelt?
- Sind die Nasenlöcher frei und die Augen klar und ganz geöffnet?
- Ist das Gefieder im Kopf- und Brustbereich oder der Kloake verschmiert?
- Ist der Schwanz abgeknickt und wippt?
- Fressen alle Vögel?
- Trinkt ein Nymphensittich auffallend viel oder wenig?
- Hat der Kot eine andere Farbe oder Konsistenz? **Tipp:** Kotveränderungen durch den Verzehr von Gemüse sind völlig harmlos.
- Zieht ein Vogel seine Schultern hoch?
- Zittert ein kleiner Kakadu?
- Leidet ein Nymphensittich unter Atemnot, oder sind Atemgeräusche hörbar?
- Würgt ein Vogel, oder erbricht er sich sogar?
- Gibt es Anzeichen, die auf Knochenbrüche (zum Beispiel: Hängender Flügel, seltsame Ständerhaltung) hindeuten?
- Sehen Sie Wunden oder Blutungen?

Auch das Verhalten innerhalb der Nymphensittich-Gruppe kann Aufschluss über eine mögliche gesundheitliche Problematik geben. Dies sind unter anderem:

- Zieht sich ein Vogel von den anderen zurück?
- Attackieren die Gruppenmitglieder einen Vogel, oder ist dieser aggressiver oder defensiver als normalerweise?
- Spielt ein Vogel nicht mehr oder nimmt er nicht an den Gruppenaktivitäten teil?

***Man kann gar nicht vorsichtig genug sein***

*Sie haben Auffälligkeiten entdeckt und sind sich nicht sicher, ob Ihr geliebter Nymphensittich tatsächlich medizinische Hilfe benötigt? Im Zweifelsfall besser einmal zu viel als einmal zu wenig zum vogelkundigen Tierarzt fahren!*

### 12.3. Wie war das nochmal? Gesundheits-Kalender

Über einen längeren Zeitraum betrachtet, ist es immer so eine Sache, sich an alle Einzelheiten zu erinnern. Wie und wann hat das eigentlich angefan-

*Keine Sorge: Lotte hat sich nur mit Rote Beete verkleckert.*

***Diese Daten und Informationen sollten wir täglich notieren:***

- *Körpergewicht, zur besseren Vergleichbarkeit, immer zur gleichen Zeit gewogen.*
- *Gewicht von Körnerfutter, Pellets oder Extrudate.*
- *Gemüse- und Grünfuttersorten, die verfüttert wurden.*
- *Beobachtungen, wie beispielsweise „Lotte ist abends sehr verängstigt" oder „Nico plustert morgens, ist inaktiv".*
- *Bekommt einer der Nymphensittiche ein Medikament oder eine andere medizinische Behandlung? Notieren Sie auch immer die Häufigkeit und die Dosierung. Bei selbst hergestellten Lösungen sollten wir auch das Mischungsverhältnis festhalten.*

gen, dass einer der Nymphensittiche sich so seltsam verhalten hat? War der andere Vogel damals auch schon ein wenig schläfriger als sonst? Und wie war das mit den Gewichten? Es ist unmöglich, sich an alles zu erinnern. Super, wenn man einfach nachschauen kann.

### Was ist los mit Lotte?

Am späten Nachmittag des 16. November 2020 musste ich eine Beobachtung machen, die dem Gesundheits-Kalender noch einmal eine ganz neue Bedeutung zukommen ließ: Lotte schrie laut auf und fiel von ihrer Sitzstange. Auf dem Boden rannte sie kreischend einen kleinen Kreis. Es war entsetzlich, hilflos daneben zu stehen und ihr nicht helfen zu können. Am nächsten Tag begann beim vogelkundigen Tierarzt die Suche nach der Ursache. Bei diesen unspezifischen Symptomen kommen verschiedene medizinische Problematiken wie beispielsweise Calciummangel, Vergiftung oder eine Problematik des Zentralen Nervensystems in Betracht. Ein Puzzlespiel, das auch für einen versierten vogelkundigen Tierarzt nicht auf Anhieb zu lösen ist. Es liegt nicht zuletzt an uns Haltern, alle Auffälligkeiten zu dokumentieren. Dazu dienen mir tägliche Notizen im Gesundheitskalender, Videos und Fotos. Anhand der Videodokumentation wurde klar, dass die Problematik stets mit einem Krampf im rechten Fuß beginnt.

*An schlechten Tagen braucht Lotte Ruhe und eine starke Schulter zum Anlehnen.*

2022

| Tag | Monat | Anfall | Anfall vor 11:00 Uhr | Anfall 11:00-16:00 Uhr | Anfall nach 16:00 Uhr | Lu morgens | Lu morgens+abends | KB morgens | KB morgens+abends |
|---|---|---|---|---|---|---|---|---|---|
| 1 | Jan | 0 | | | | 0.125 | | 0.150 | |
| 2 | Jan | 3 | | | 3 | 0.125 | | 0.150 | |
| 3 | Jan | 1 | | | 1 | 0.125 | | 0.150 | |
| 4 | Jan | 0 | | | | 0.125 | | 0.150 | |
| 5 | Jan | ? | | | | 0.125 | | 0.150 | |
| 6 | Jan | 0 | | | | 0.125 | | 0.150 | |
| 7 | Jan | 2 | | | 2 | 0.125 | | 0.150 | |
| 8 | Jan | 0 | | | | 0.125 | | 0.150 | |
| 9 | Jan | 0 | | | | 0.125 | | 0.150 | |
| 10 | Jan | 2 | 1 | Doc | 1 | 0.125 | | 0.150 | |
| 11 | Jan | 2 | | 1 | 1 | 0.125 | | 0.150 | |
| 12 | Jan | 0 | | | | 0.125 | | 0.150 | |
| 13 | Jan | 0 | | | | 0.125 | | 0.150 | |
| 14 | Jan | 0 | | | | 0.125 | | 0.150 | |
| 15 | Jan | 0 | | | | 0.125 | | 0.150 | |
| 16 | Jan | 3 | | 2 | 1 | | 2*0,06 | | 2*0,075 |
| 17 | Jan | 0 | | | | | 2*0,06 | | 2*0,075 |
| 18 | Jan | 5 | | 3 | 2 | | 2*0,06 | | 2*0,075 |
| 19 | Jan | 12 | 3 | 5 | 4 | | 2*0,06 | | 2*0,075 |
| 20 | Jan | 3 | 3 | | | | 2*0,06 | | 2*0,075 |
| 21 | Jan | ? | | | | 0.125 | | 0.150 | |
| 22 | Jan | 0 | | | | | 2*0,06 | | 2*0,075 |
| 23 | Jan | ? | | | | 0.125 | | 0.150 | |
| 24 | Jan | 0 | | | | | 2*0,06 | | 2*0,075 |
| 25 | Jan | 3 | 2 | 1 | | | 2*0,08 | | 2*0,10 |
| 26 | Jan | 11 | 4 | 6 | 1 | | 2*0,08 | | 2*0,10 |
| 27 | Jan | 0 | | | | | 2*0,08 | | 2*0,10 |
| 28 | Jan | 0 | | | | | 2*0,08 | | 2*0,10 |
| 29 | Jan | 0 | | | | | 2*0,08 | | 2*0,10 |
| 30 | Jan | ? | | | | 1*0,16 | | 1*0,20 | |
| 31 | Jan | 1 | | | 1 | 1*0,16 | | 1*0,20 | |
| | | | 13 | 18 | 17 | | | | |
| Summe | | 48 | | | | | | | |
| ØA/Tag | | 1.8 | | | | | | | |

| Tag | Monat | Anfall | Anfall vor 11:00 Uhr | Anfall 11:00-16:00 Uhr | Anfall nach 16:00 Uhr | Lu morgens | Lu morgens+abends | KB morgens | KB morgens+abends |
|---|---|---|---|---|---|---|---|---|---|
| 1 | Feb | 3 | 1 | | 2 | | 2*0,08 | | 2*0,10 |
| 2 | Feb | 4 | 1 | 2 | 1 | | 2*0,08 | | 2*0,10 |
| 3 | Feb | 0 | | | | | 2*0,08 | | 2*0,10 |
| 4 | Feb | 2 | | 1 | 1 | | 2*0,08 | | 2*0,10 |
| 5 | Feb | ? | | | | | 2*0,08 | | 2*0,10 |
| 6 | Feb | 1 | | 1 | | | 2*0,08 | | 2*0,10 |
| 7 | Feb | 0 | | | | | 2*0,08 | | 2*0,10 |
| 8 | Feb | 1 | | 1 | | | 2*0,08 | | 2*0,10 |
| 9 | Feb | 4 | 1 | 2 | 1 | | 2*0,08 | | 2*0,10 |
| 10 | Feb | 0 | | | | | 2*0,08 | | 2*0,10 |
| 11 | Feb | 0 | | | | | 2*0,08 | | 2*0,10 |
| 12 | Feb | 3 | | 1 | 2 | | 2*0,08 | | 2*0,10 |
| 13 | Feb | 0 | | | | | 2*0,08 | | 2*0,10 |
| 14 | Feb | 1 | | | 1 | | 2*0,08 | | 2*0,10 |
| 15 | Feb | 1 | 1 | | | | 2*0,08 | | 2*0,10 |
| 16 | Feb | 3 | 2 | 1 | | | 2*0,08 | | 2*0,10 |
| 17 | Feb | 0 | | | | | 2*0,08 | | 2*0,10 |
| 18 | Feb | 1 | | | 1 | | 2*0,08 | | 2*0,10 |
| 19 | Feb | 2 | | 1 | 1 | | 2*0,08 | | 2*0,10 |
| 20 | Feb | 7 | 1 | 3 | 3 | | 2*0,08 | | 2*0,10 |
| 21 | Feb | 0 | | | | 1*0,16 | | 1*0,20 | |
| 22 | Feb | 0 | | | | 1*0,16 | | 1*0,20 | |
| 23 | Feb | 0 | | | | 1*0,16 | | 1*0,20 | |
| 24 | Feb | 1 | | | 1 | 1*0,16 | | 1*0,20 | |
| 25 | Feb | 1 | | | 1 | 1*0,16 | | 1*0,20 | |
| 26 | Feb | 3 | 1 | | 2 | 1*0,08 | | 1*0,10 | |
| 27 | Feb | ? | | | | 1*0,08 | | 1*0,10 | |
| 28 | Feb | 0 | | | | 1*0,08 | | 1*0,10 | |
| | | | 8 | 13 | 17 | | | | |
| Summe | | 38 | | | | | | | |
| ØA/Tag | | 1.5 | | | | | | | |

Ab dem 26. Feb Konzentration verdoppelt. Wirkstoff unverändert!
Mit Wasser:Agaven-Dicksaft 1:1, bzw. 1:2 gemischt

| Tag | Monat | Anfall | Anfall vor 11:00 Uhr | Anfall 11:00-16:00 Uhr | Anfall nach 16:00 Uhr | Lu morgens | KB morgens |
|---|---|---|---|---|---|---|---|
| 1 | März | 0 | | | | 1*0,08 | 1*0,10 |
| 2 | März | 4 | | | 4 | 1*0,08 | 1*0,10 |
| 3 | März | 4 | 1 | 2 | 1 | 1*0,08 | 1*0,10 |
| 4 | März | ? | | | | 1*0,08 | 1*0,10 |
| 5 | März | 0 | | | | 1*0,08 | 1*0,10 |
| 6 | März | 0 | | | | 1*0,08 | 1*0,10 |
| 7 | März | 0 | | | | 1*0,08 | 1*0,10 |
| 8 | März | 2 | | 1 | 1 | 1*0,08 | 1*0,10 |
| 9 | März | 1 | | 1 | | 1*0,08 | 1*0,10 |
| 10 | März | 8 | 2 | 2 | 4 | 1*0,08 | 1*0,10 |
| 11 | März | 0 | | | | 1*0,08 | 1*0,10 |
| 12 | März | 0 | | | | 1*0,08 | 1*0,10 |
| 13 | März | ? | | | | 1*0,08 | 1*0,10 |
| 14 | März | ? | | | | 1*0,08 | 1*0,10 |
| 15 | März | 5 | | 4 | 1 | 1*0,08 | 1*0,10 |
| 16 | März | 0 | | | | 1*0,08 | 1*0,10 |
| 17 | März | 2 | | | 2 | 1*0,08 | 1*0,10 |
| 18 | März | 6 | 2 | 2 | 2 | 1*0,08 | 1*0,10 |
| 19 | März | 1 | | | 1 | 1*0,08 | 1*0,10 |
| 20 | März | 1 | | 1 | | 1*0,08 | 1*0,10 |
| 21 | März | ? | | | | 1*0,08 | 1*0,10 |
| 22 | März | 3 | 1 | | 2 | 1*0,08 | 1*0,10 |
| 23 | März | 0 | | | | 1*0,08 | 1*0,10 |
| 24 | März | 0 | | | | 1*0,08 | 1*0,10 |
| 25 | März | ? | | | | 1*0,08 | 1*0,10 |
| 26 | März | ? | | | | 1*0,08 | 1*0,10 |
| 27 | März | 0 | | | | 1*0,08 | 1*0,10 |
| 28 | März | 0 | | | | 1*0,08 | 1*0,10 |
| 29 | März | 2 | | 2 | | 1*0,08 | 1*0,10 |
| 30 | März | 4 | | 2 | 2 | 1*0,08 | 1*0,10 |
| 31 | März | 2 | | | 2 | 1*0,08 | 1*0,10 |
| | | | 6 | 17 | 22 | | |
| Summe | | 45 | | | | | |
| ØA/Tag | | 1.8 | | | | | |

| Tag | Monat | Anfall | Anfall vor 11:00 Uhr | Anfall 11:00-16:00 Uhr | Anfall nach 16:00 Uhr | Lu morgens | KB morgens |
|---|---|---|---|---|---|---|---|
| 1 | April | 0 | | | | 1*0,08 | 1*0,10 |
| 2 | April | 0 | | | | 1*0,08 | 1*0,10 |
| 3 | April | 1 | | 1 | | 1*0,08 | 1*0,10 |
| 4 | April | 2 | | 2 | | 1*0,08 | 1*0,10 |
| 5 | April | 3 | 2 | 1 | | 1*0,08 | 1*0,10 |
| 6 | April | 6 | | 1 | 5 | 1*0,08 | 1*0,10 |
| 7 | April | 5 | 2 | 1 | 2 | 1*0,08 | 1*0,10 |
| 8 | April | 2 | | 1 | 1 | 1*0,08 | 1*0,10 |
| 9 | April | ? | | | | 1*0,08 | 1*0,10 |
| 10 | April | 1 | | 1 | | 1*0,08 | 1*0,10 |
| 11 | April | ? | | | | 1*0,08 | 1*0,10 |
| 12 | April | 1 | 1 | | | 1*0,08 | 1*0,10 |
| 13 | April | ? | | | | 1*0,08 | 1*0,10 |
| 14 | April | 0 | | | | 1*0,08 | 1*0,10 |
| 15 | April | 0 | | | | 1*0,08 | 1*0,10 |
| 16 | April | 1 | | 1 | | 1*0,08 | 1*0,10 |
| 17 | April | 0 | | | | 1*0,08 | 1*0,10 |
| 18 | April | 0 | | | | 1*0,08 | 1*0,10 |
| 19 | April | 0 | | | | 1*0,08 | 1*0,10 |
| 20 | April | 0 | | | | 1*0,08 | 1*0,10 |
| 21 | April | 2 | 2 | | | 1*0,08 | 1*0,10 |
| 22 | April | ? | | | | 1*0,08 | 1*0,10 |
| 23 | April | 1 | | | 1 | 1*0,08 | 1*0,10 |
| 24 | April | 4 | | 3 | 1 | 1*0,08 | 1*0,10 |
| 25 | April | 5 | 1 | 2 | 2 | 1*0,08 | 1*0,10 |
| 26 | April | 0 | | | | 1*0,08 | 1*0,10 |
| 27 | April | 0 | | | | 1*0,08 | 1*0,10 |
| 28 | April | 3 | | 2 | 1 | 1*0,08 | 1*0,10 |
| 29 | April | 1 | | | 1 | 1*0,08 | 1*0,10 |
| 30 | April | 2 | | | 2 | 1*0,08 | 1*0,10 |
| | | | 8 | 16 | 16 | | |
| Summe | | 40 | | | | | |
| ØA/Tag | | 1.5 | | | | | |

| Tag | Monat | Anfall | Anfall vor 11:00 Uhr | Anfall 11:00-16:00 Uhr | Anfall nach 16:00 Uhr | Lu morgens | KB morgens |
|---|---|---|---|---|---|---|---|
| 1 | Mai | 7 | 1 | 2 | 4 | 1*0,08 | 1*0,10 |
| 2 | Mai | 2 | | | 2 | 1*0,08 | 1*0,10 |
| 3 | Mai | 12 | 2 | 3 | 7 | 1*0,08 | 1*0,10 |
| 4 | Mai | 7 | 1 | 2 | 4 | 1*0,08 | 1*0,10 |
| 5 | Mai | 4 | | 1 | 3 | 1*0,08 | 1*0,10 |
| 6 | Mai | ? | | | | 1*0,08 | 1*0,10 |
| 7 | Mai | 0 | | | | 1*0,08 | 1*0,10 |
| 8 | Mai | 1 | | 1 | | 1*0,08 | 1*0,10 |
| 9 | Mai | 1 | | 1 | | 1*0,08 | 1*0,10 |
| 10 | Mai | 4 | | | 4 | 1*0,08 | 1*0,10 |
| 11 | Mai | 5 | | | 5 | 1*0,08 | 1*0,10 |
| 12 | Mai | 0 | | | | 1*0,08 | 1*0,10 |
| 13 | Mai | ? | | | | 1*0,08 | 1*0,10 |
| 14 | Mai | 0 | | | | 1*0,08 | 1*0,10 |
| 15 | Mai | 2 | 1 | | 1 | 1*0,08 | 1*0,10 |
| 16 | Mai | 0 | | | | 1*0,08 | 1*0,10 |
| 17 | Mai | 0 | | | | 1*0,08 | 1*0,10 |
| 18 | Mai | 1 | | 1 | | 1*0,08 | 1*0,10 |
| 19 | Mai | 0 | | | | 1*0,08 | 1*0,10 |
| 20 | Mai | 0 | | | | 1*0,08 | 1*0,10 |
| 21 | Mai | ? | | | | 1*0,08 | 1*0,10 |
| 22 | Mai | ? | | | | 1*0,08 | 1*0,10 |
| 23 | Mai | 1 | | | 1 | 1*0,08 | 1*0,10 |
| 24 | Mai | 2 | 1 | | 1 | 1*0,08 | 1*0,10 |
| 25 | Mai | 2 | | 1 | 1 | 1*0,08 | 1*0,10 |
| 26 | Mai | 2 | | 1 | 1 | 1*0,08 | 1*0,10 |
| 27 | Mai | 0 | | | | 1*0,08 | 1*0,10 |
| 28 | Mai | 0 | | | | 1*0,08 | 1*0,10 |
| 29 | Mai | 1 | | | 1 | 1*0,08 | 1*0,10 |
| 30 | Mai | 2 | | 1 | 1 | 1*0,08 | 1*0,10 |
| 31 | Mai | 4 | 2 | 1 | 1 | 1*0,08 | 1*0,10 |
| | | | 8 | 15 | 37 | | |
| Summe | | 60 | | | | | |
| ØA/Tag | | 2.2 | | | | | |

| Tag | Monat | Anfall | Anfall vor 11:00 Uhr | Anfall 11:00-16:00 Uhr | Anfall nach 16:00 Uhr | Lu morgens | |
|---|---|---|---|---|---|---|---|
| 1 | Juni | 0 | | | | 1*0,08 | 1*0, |
| 2 | Juni | 0 | | | | 1*0,08 | 1*0, |
| 3 | Juni | ? | | | | 1*0,08 | 1*0, |
| 4 | Juni | 2 | 2 | | | 1*0,08 | 1*0, |
| 5 | Juni | ? | | | | 1*0,08 | 1*0, |
| 6 | Juni | 2 | 1 | | 1 | 1*0,08 | 1*0, |
| 7 | Juni | 3 | 1 | 1 | 1 | 1*0,08 | 1*0 |
| 8 | Juni | 2 | | | 2 | 1*0,08 | 1*0 |
| 9 | Juni | 1 | | | 1 | 1*0,08 | 1*0, |
| 10 | Juni | 0 | | | | 1*0,08 | 1*0, |
| 11 | Juni | 2 | | 1 | 1 | 1*0,08 | 1*0 |
| 12 | Juni | ? | | | | 1*0,08 | 1*0 |
| 13 | Juni | 0 | | | | 1*0,08 | 1*0, |
| 14 | Juni | 3 | | 1 | 2 | 1*0,08 | 1*0, |
| 15 | Juni | 0 | | | | 1*0,08 | 1*0 |
| 16 | Juni | 0 | | | | 1*0,08 | 1*0 |
| 17 | Juni | ? | | | | 1*0,08 | 1*0 |
| 18 | Juni | 1 | | | 1 | 1*0,08 | 1*0 |
| 19 | Juni | 3 | | 2 | 1 | 1*0,08 | 1*0, |
| 20 | Juni | 1 | | | 1 | 1*0,08 | 1*0 |
| 21 | Juni | 2 | | | 2 | 1*0,08 | 1*0 |
| 22 | Juni | 2 | 2 | | | 1*0,08 | 1*0 |
| 23 | Juni | 0 | | | | 1*0,08 | 1*0 |
| 24 | Juni | 0 | | | | 1*0,08 | 1*0 |
| 25 | Juni | ? | | | | 1*0,08 | 1*0 |
| 26 | Juni | 1 | 1 | | | 1*0,08 | 1*0 |
| 27 | Juni | 0 | | | | 1*0,08 | 1*0 |
| 28 | Juni | 2 | | 1 | 1 | 1*0,08 | 1*0, |
| 29 | Juni | 1 | | | 1 | 1*0,08 | 1*0, |
| 30 | Juni | | | | | 1*0,08 | 1*0, |
| | | | 7 | 6 | 15 | | |
| Summe | | 28 | | | | | |
| ØA/Tag | | 1.1 | | | | | |

*Lottes Krankheitsverlauf und die Wirkung der unterschiedlichen Medikamentierung wird erst durch die konsequente tägliche Aufzeichnung sichtbar. Die Monatsübersichten zeigen neben den Anfällen auch die sich ändernde Medikamentierung.*

| Tag | Monat | Anfall | Anfall vor 11:00 Uhr | Anfall 11:00-16:00 Uhr | Anfall nach 16:00 Uhr | Mauser | Poppi-Pop | Lu morgens | KB morgens | Et 5mg, 2xtgl |
|---|---|---|---|---|---|---|---|---|---|---|
| 1 | Jan | 0 | | | | | | 0.08 | 0.10 | |
| 2 | Jan | 1 | 1 | | | M | | 0.08 | 0.10 | |
| 3 | Jan | 0 | | | | M | | 0.08 | 0.10 | |
| 4 | Jan | 0 | | | | M | | 0.08 | 0.10 | |
| 5 | Jan | 0 | | | | M | | 0.08 | 0.10 | |
| 6 | Jan | 0 | | | | M | | 0.08 | 0.10 | |
| 7 | Jan | 0 | | | | M | | 0.08 | 0.10 | |
| 8 | Jan | 0 | | | | M | | 0.08 | 0.10 | |
| 9 | Jan | 3 | | 1 | 2 | M | | 0.08 | 0.10 | |
| 10 | Jan | 2 | | 2 | | M | | 0.08 | 0.10 | |
| 11 | Jan | 0 | | | | M | | 0.08 | 0.10 | |
| 12 | Jan | 0 | | | | M | | 0.08 | 0.10 | |
| 13 | Jan | 0 | | | | | | 0.08 | 0.10 | |
| 14 | Jan | ? | | | | | | 0.08 | 0.10 | |
| 15 | Jan | 4 | 3 | | 1 | | | 0.08 | 0.10 | |
| 16 | Jan | 0 | | | | | | 0.08 | 0.10 | |
| 17 | Jan | 0 | | | | | | 0.08 | 0.10 | |
| 18 | Jan | 0 | | | | | | 0.08 | 0.10 | |
| 19 | Jan | 0 | | | | | | 0.08 | 0.10 | |
| 20 | Jan | 1 | 1 | | | | | 0.08 | 0.10 | |
| 21 | Jan | 1 | 1 | | | | | 0.08 | 0.10 | |
| 22 | Jan | 0 | | | | | | 0.08 | 0.10 | |
| 23 | Jan | 0 | Doc | | | | | 0.08 | 0.10 | |
| 24 | Jan | 1 | 1 | | | | | 0.08 | 0.10 | |
| 25 | Jan | 1 | | 1 | | | | 0.08 | 0.10 | |
| 26 | Jan | 3 | 2 | 1 | | | | 0.08 | 0.10 | |
| 27 | Jan | 1 | 1 | Doc | | | | 0.08 | 0.10 | |
| 28 | Jan | 3 | | 2 | 1 | | | 0.08 | 0.10 | 2*0,05 |
| 29 | Jan | 2 | 2 | | | | | 0.08 | 0.10 | 2*0,05 |
| 30 | Jan | 0 | | | | | | 0.08 | 0.10 | 2*0,05 |
| 31 | Jan | 0 | | | | | | 0.08 | 0.10 | 2*0,05 |
| | | | 12 | 7 | 4 | | 0 | | | |
| Summe | | 23 | | | | | | | | |
| ØA/Tag | | 0.8 | | | | | | | | |

| Tag | Monat | Anfall | Anfall vor 11:00 Uhr | Anfall 11:00-16:00 Uhr | Anfall nach 16:00 Uhr | Mauser | Poppi-Pop | Lu morgens | KB morgens | Et 5mg, 2xtgl |
|---|---|---|---|---|---|---|---|---|---|---|
| 1 | Feb | 1 | | 1 | | | | 0.08 | 0.10 | 2*0,05 |
| 2 | Feb | 1 | 1 | | | | | 0.08 | 0.10 | 2*0,05 |
| 3 | Feb | 0 | | | | | | 0.08 | 0.10 | 2*0,05 |
| 4 | Feb | 1 | 1 | | | | | 0.08 | 0.10 | 2*0,05 |
| 5 | Feb | 0 | | | | | | 0.08 | 0.10 | 2*0,05 |
| 6 | Feb | 0 | | | | | | 0.08 | 0.10 | 2*0,05 |
| 7 | Feb | 1 | | 1 | | | | 0.08 | 0.10 | 2*0,05 |
| 8 | Feb | 0 | | | | M | | 0.08 | 0.10 | 2*0,05 |
| 9 | Feb | 0 | | | | M | | 0.08 | 0.10 | 2*0,05 |
| 10 | Feb | ? | | | | | | 0.08 | 0.10 | 2*0,05 |
| 11 | Feb | 0 | | | | | | 0.08 | 0.10 | 2*0,05 |
| 12 | Feb | 0 | | | | | | 0.08 | 0.10 | 2*0,05 |
| 13 | Feb | 2 | 1 | | 1 | M | | 0.08 | 0.10 | 2*0,05 |
| 14 | Feb | 0 | | | | M | | 0.08 | 0.10 | 2*0,05 |
| 15 | Feb | 0 | | | | M | | 0.08 | 0.10 | 2*0,05 |
| 16 | Feb | 4 | 4 | | | M | 1 | 0.08 | 0.10 | 2*0,05 |
| 17 | Feb | 1 | 1 | | | M | | 0.08 | 0.10 | 2*0,05 |
| 18 | Feb | 1 | 1 | | | M | | 0.08 | 0.10 | 2*0,05 |
| 19 | Feb | 0 | | | | M | | 0.08 | 0.10 | 2*0,05 |
| 20 | Feb | 1 | | 1 | | M | | 0.08 | 0.10 | 2*0,05 |
| 21 | Feb | 0 | | | | M | 1 | 0.08 | 0.10 | 2*0,05 |
| 22 | Feb | 1 | 1 | | | M | | 0.08 | 0.10 | 2*0,05 |
| 23 | Feb | 1 | | | 1 | M | | 0.08 | 0.10 | 2*0,05 |
| 24 | Feb | 0 | | | | M | | 0.08 | 0.10 | 2*0,05 |
| 25 | Feb | ? | | | | M | | 0.08 | 0.10 | 2*0,05 |
| 26 | Feb | 0 | | | | M | | 0.08 | 0.10 | 2*0,05 |
| 27 | Feb | 2 | | 1 | 1 | M | | 0.08 | 0.10 | 2*0,05 |
| 28 | Feb | 1 | | 1 | | M | | 0.08 | 0.10 | 2*0,05 |
| | | | 10 | 5 | 3 | | 2 | | | |
| Summe | | 18 | | | | | | | | |
| ØA/Tag | | 0.7 | | | | | | | | |

| Tag | Monat | Anfall | Anfall vor 11:00 Uhr | Anfall 11:00-16:00 Uhr | Anfall nach 16:00 Uhr | Mauser | Poppi-Pop | Lu morgens | KB morgens | Et 5mg, 2xtgl |
|---|---|---|---|---|---|---|---|---|---|---|
| 1 | März | 0 | | | | M | | 0.08 | 0.10 | 2*0,05 |
| 2 | März | 0 | | | | M | | 0.08 | 0.10 | 2*0,05 |
| 3 | März | ? | | | | M | | 0.08 | 0.10 | 2*0,05 |
| 4 | März | 3 | 1 | | 2 | M | | 0.08 | 0.10 | 2*0,05 |
| 5 | März | 2 | | 1 | 1 | | | 0.08 | 0.10 | 2*0,05 |
| 6 | März | 5 | 4 | | 1 | | | 0.08 | 0.10 | 2*0,05 |
| 7 | März | 0 | | | | | | 0.08 | 0.10 | 2*0,05 |
| 8 | März | Doc | | | | | | 0.08 | 0.10 | 2*0,05 |
| 9 | März | 2 | 2 | | | | 1 | 0.08 | | 2*0,05 |
| 10 | März | ? | | | | | | 0.08 | | 1*0,05 |
| 11 | März | 1 | | | 1 | | | 0.08 | | 2*0,05 |
| 12 | März | 0 | | | | | | 0.08 | | 2*0,05 |
| 13 | März | 0 | | | | | 1 | 0.08 | | 2*0,05 |
| 14 | März | 1 | | 1 | | | | 0.08 | | 1*0,05 |
| 15 | März | 5 | 1 | 4 | | | | 0.08 | | 2*0,05 |
| 16 | März | 0 | | | | M | 1 | 0.08 | | 2*0,05 |
| 17 | März | ? | | | | | | 0.08 | | 2*0,05 |
| 18 | März | ? | | | | | | 0.08 | | 1*0,05 |
| 19 | März | 0 | | | | | 1 | 0.08 | | 2*0,05 |
| 20 | März | 0 | | | | | | 0.08 | | 2*0,05 |
| 21 | März | 0 | | | | | | 0.08 | | 2*0,05 |
| 22 | März | Doc/Lu | | | | | 1 | 0.08 | | 2*0,05 |
| 23 | März | 2 | | 1 | 1 | M | | 0.08 | | 2*0,05 |
| 24 | März | 1 | | 1 | | M | | 0.08 | | 2*0,05 |
| 25 | März | 0 | | | | M | | 0.08 | | 2*0,05 |
| 26 | März | 0 | | | | M | | 0.08 | | 2*0,05 |
| 27 | März | 3 | | 2 | 1 | M | | 0.08 | | 2*0,05 |
| 28 | März | 0 | | | | M | 1 | 0.08 | | 2*0,05 |
| 29 | März | 0 | | | | M | | 0.08 | | 2*0,05 |
| 30 | März | 4 | 1 | 1 | 2 | M | | 0.08 | | 2*0,05 |
| 31 | März | 0 | | | | M | 1 | 0.08 | | 2*0,05 |
| | | | 9 | 11 | 9 | | 7 | | | |
| Summe | | 29 | | | | | | | | |
| ØA/Tag | | 1.1 | | | | | | | | |

| Tag | Monat | Anfall | Anfall vor 11:00 Uhr | Anfall 11:00-16:00 Uhr | Anfall nach 16:00 Uhr | Mauser | Poppi-Pop | Lu morgens | Et 5mg, 2xtgl |
|---|---|---|---|---|---|---|---|---|---|
| 1 | April | 0 | | | | M | | 0.08 | 2*0,05 |
| 2 | April | ? | | | | | | 0.08 | 2*0,05 |
| 3 | April | ? | | | | | | 0.08 | 2*0,05 |
| 4 | April | ? | | | | | | 0.08 | 2*0,05 |
| 5 | April | 0 | | | | | | 0.08 | 2*0,05 |
| 6 | April | 3 | 2 | 1 | | | 1 | 0.08 | 2*0,05 |
| 7 | April | ? | | | | | | 0.08 | 2*0,05 |
| 8 | April | 1 | | | 1 | | | 0.08 | 2*0,05 |
| 9 | April | ? | | | | | | 0.08 | 2*0,05 |
| 10 | April | 4 | 3 | 1 | | | | 0.08 | 2*0,05 |
| 11 | April | 2 | 2 | | | M | | 0.08 | 2*0,05 |
| 12 | April | 2 | 1 | | 1 | M | | 0.08 | 2*0,05 |
| 13 | April | 2 | | 1 | 1 | | | 0.08 | 2*0,05 |
| 14 | April | 0 | | | | | | 0.08 | 2*0,05 |
| 15 | April | 1 | 1 | | | | | 0.08 | 2*0,05 |
| 16 | April | 2 | | 1 | 1 | M | | 0.08 | 2*0,05 |
| 17 | April | 2 | 2 | | | | | 0.08 | 2*0,05 |
| 18 | April | 3 | 2 | 1 | | | | 0.08 | 2*0,05 |
| 19 | April | 1 | 1 | | | | | 0.08 | 2*0,05 |
| 20 | April | 0 | | | | | | 0.08 | 2*0,05 |
| 21 | April | 0 | | | | | | 0.08 | 2*0,05 |
| 22 | April | ? | | | | | | 0.08 | 2*0,05 |
| 23 | April | 1 | 1 | | | | | 0.08 | 2*0,05 |
| 24 | April | 3 | 1 | 2 | | | | 0.08 | 2*0,05 |
| 25 | April | 2 | 1 | 1 | | | | 0.08 | 2*0,05 |
| 26 | April | 1 | 1 | | | | | 0.08 | 2*0,05 |
| 27 | April | 0 | | | | | 2 | 0.08 | 2*0,05 |
| 28 | April | 0 | | | | | 1 | 0.08 | 2*0,05 |
| 29 | April | ? | | | | | | 0.08 | 2*0,05 |
| 30 | April | 0 | | | | | | 0.08 | 2*0,05 |
| | | | 18 | 8 | 4 | | 4 | | |
| Summe | | 30 | | | | | | | |
| ØA/Tag | | 1.3 | | | | | | | |

| Tag | Monat | Anfall | Anfall vor 11:00 Uhr | Anfall 11:00-16:00 Uhr | Anfall nach 16:00 Uhr | Mauser | Poppi-Pop | Lu morgens | Et 5mg, 2xtgl |
|---|---|---|---|---|---|---|---|---|---|
| 1 | Mai | 1 | | | 1 | M | | 0.08 | 2*0,05 |
| 2 | Mai | ? | | | | | | 0.08 | 1*0,05 |
| 3 | Mai | 1 | | 1 | | M | | 0.08 | 2*0,05 |
| 4 | Mai | ? | | | | M | | 0.08 | 1*0,05 |
| 5 | Mai | 0 | | | | M | 1 | 0.08 | 2*0,05 |
| 6 | Mai | 0 | | | | M | 1 | 0.08 | 2*0,05 |
| 7 | Mai | ? | | | | M | | 0.08 | 2*0,05 |
| 8 | Mai | 0 | | | | | | 0.08 | 2*0,05 |
| 9 | Mai | 0 | | | | M | 1 | 0.08 | 2*0,05 |
| 10 | Mai | 4 | 3 | 1 | | | 3 | 0.08 | 2*0,05 |
| 11 | Mai | 1 | 1 | | | | | 0.08 | 2*0,05 |
| 12 | Mai | ? | | | | | | 0.08 | 1*0,05 |
| 13 | Mai | 1 | | | 1 | | | 0.08 | 2*0,05 |
| 14 | Mai | ? | | | | | | 0.08 | 1*0,05 |
| 15 | Mai | 3 | 3 | | | M | | 0.08 | 2*0,05 |
| 16 | Mai | 2 | 1 | 1 | | M | | 0.08 | 2*0,05 |
| 17 | Mai | 0 | | | | M | | 0.08 | 2*0,05 |
| 18 | Mai | 1 | 1 | | | | | 0.08 | 2*0,05 |
| 19 | Mai | 0 | | | | | | 0.08 | 2*0,05 |
| 20 | Mai | 2 | 1 | 1 | | | 1 | 0.08 | 2*0,05 |
| 21 | Mai | 0 | | | | M | 1 | 0.08 | 2*0,05 |
| 22 | Mai | 0 | | | | M | 1 | 0.08 | 2*0,05 |
| 23 | Mai | 1 | | | 1 | M | | 0.08 | 2*0,05 |
| 24 | Mai | 0 | | | | M | 1 | 0.08 | 2*0,05 |
| 25 | Mai | 2 | 1 | | 1 | M | | 0.08 | 2*0,05 |
| 26 | Mai | ? | | | | | | 0.08 | 2*0,05 |
| 27 | Mai | 0 | | | | | | 0.08 | 2*0,05 |
| 28 | Mai | 0 | | | | | | 0.08 | 2*0,05 |
| 29 | Mai | ? | | | | | | 0.08 | 1*0,05 |
| 30 | Mai | 1 | | 1 | | M | | 0.08 | 2*0,05 |
| 31 | Mai | 0 | | | | | | 0.08 | 2*0,05 |
| | | | 11 | 5 | 4 | | 10 | | |
| Summe | | 20 | | | | | | | |
| ØA/Tag | | 0.8 | | | | | | | |

| Tag | Monat | Anfall | Anfall vor 11:00 Uhr | Anfall 11:00-16:00 Uhr | Anfall nach 16:00 Uhr | Mauser | Poppi-Pop | Lu morgens | Et 5mg, 2xtgl |
|---|---|---|---|---|---|---|---|---|---|
| 1 | Juni | 1 | 1 | | | | | 0.08 | 2*0,05 |
| 2 | Juni | 0 | | | | | | 0.08 | 2*0,05 |
| 3 | Juni | 2 | 2 | | | | | 0.08 | 2*0,05 |
| 4 | Juni | 4 | 3 | | 1 | | | 0.08 | 2*0,05 |
| 5 | Juni | 1 | 1 | | | M | | 0.08 | 2*0,05 |
| 6 | Juni | 0 | | | | M | | 0.08 | 2*0,05 |
| 7 | Juni | 0 | | | | M | | 0.08 | 2*0,05 |
| 8 | Juni | 0 | | | | M | | 0.08 | 2*0,05 |
| 9 | Juni | ? | | | | | | 0.08 | 1*0,05 |
| 10 | Juni | 1 | | | 1 | | | 0.08 | 2*0,05 |
| 11 | Juni | ? | | | | M | | 0.08 | 2*0,05 |
| 12 | Juni | 0 | | | | | | 0.08 | 2*0,05 |
| 13 | Juni | 0 | | | | | | 0.08 | 2*0,05 |
| 14 | Juni | 0 | | | | | | 0.08 | 2*0,05 |
| 15 | Juni | 1 | 1 | | | | | 0.08 | 2*0,05 |
| 16 | Juni | ? | | | | M | | 0.08 | 2*0,05 |
| 17 | Juni | ? | | | | M | | 0.08 | 2*0,05 |
| 18 | Juni | 1 | | 1 | | | | 0.08 | 2*0,05 |
| 19 | Juni | 2 | 2 | | | | | 0.08 | 2*0,05 |
| 20 | Juni | 1 | | 1 | | | | 0.08 | 2*0,05 |
| 21 | Juni | 0 | | | | | | 0.08 | 2*0,05 |
| 22 | Juni | 0 | | | | | | 0.08 | 2*0,05 |
| 23 | Juni | 0 | | | | | | 0.08 | 2*0,05 |
| 24 | Juni | 1 | 1 | | | | | 0.08 | 2*0,05 |
| 25 | Juni | 0 | | | | | | 0.08 | 2*0,05 |
| 26 | Juni | 0 | | | | | | 0.08 | 2*0,05 |
| 27 | Juni | 0 | | | | | | 0.08 | 2*0,05 |
| 28 | Juni | 0 | | | | | | 0.08 | 2*0,05 |
| 29 | Juni | 0 | | | | | | 0.08 | 2*0,05 |
| 30 | Juni | 1 | 1 | | | | | 0.08 | 2*0,05 |
| | | | 12 | 2 | 2 | | | | |
| Summe | | 16 | | | | | | | |
| ØA/Tag | | 0.6 | | | | | | | |

KB-Lösung:

| | | |
|---|---|---|
| bis 27.Jan 23: | 1/2 Tbl/ | 5 ml |
| ab 28.Jan 23: | 1/2 Tbl/ | 7 ml |
| ab 05.Feb 23: | 1/2 Tbl/ | 10 ml |
| ab 12.Feb 23: | 1/2 Tbl/ | 12,5 ml |
| ab 19.Feb 23: | 1/2 Tbl/ | 15,0 ml |
| ab 26.Feb 23: | 1/2 Tbl/ | 17,5 ml |
| 05.03. bis 08.03. | 1/2 Tbl/ | 20,0 ml |

Zur besseren Vergleichbarkeit gleicher Zeitraum von 29 Tagen ohne/mit Lu!

| ohne Lu | 24.Feb.-24.März | | mit Lu | 25.März-22.April | |
|---|---|---|---|---|---|
| 24.Feb-28.Feb | 3 | 0 | 25.-31.März | 7 | 2 |
| 01.-24.März | 22 | 5 | 01.-22.April | 23 | 1 |
| Summe | 25 | 5 | Summe | 30 | 3 |
| ØA/Tag | 1.0 | | ØA/Tag | 1.3 | |

### Ist Lottes Leben noch zu retten?

Die Anzahl der Anfälle steigerte sich und sie wurden immer intensiver. Bei „leichten“ Anfällen war es ein Krampf des rechten Ständers (Bein), der einige Sekunden dauerte. Bei schweren Anfällen fliegt Lotte völlig unkoordiniert und schreit dabei herzerweichend. Im Flug kollidiert sie nicht selten mit Wänden, Schränken oder Fenstern und stürzt hinab auf den Boden. Es ist ein Wunder, dass sie sich dabei noch nie ernsthaft verletzt hat. An Tagen mit vielen Anfällen saß sie häufig in ihrer Innenvoliere um sich zu erholen. Wahrscheinlich hatte sie auch Schmerzen durch die heftige Kontraktion ihrer Muskulatur. In seltenen Fällen hat sie sogar nicht mehr die Möglichkeit ihren Schnabel zu koordinieren. Das Verabreichen eines Schmerzmedikaments hilft zum Glück zügig. Allen Bemühungen zum Trotz verschlechterte sich Lottes Zustand in den ersten Monaten 2022 erheblich. Ihre Prognose war schlecht. Ihr vogelkundiger Tierarzt ging davon aus, dass Lotte in einem halben Jahr tot wäre. Ich war geschockt und setzte alles daran ihr zu helfen.

### Ist die Wende geschafft?

Die Wende zum Besseren kam Anfang 2023 mit dem Wechsel zu einer anderen vogelkundigen Tierärztin, die einen neuen Weg einschlug. Eines der Medikamente wurde langsam ausgeschlichen und ein anderes verordnet. Um zu sehen, welchen Einfluss die einzelnen Medikamente haben, mache ich vom 1. Anfall bis heute alle erforderlichen Notizen. In Monatsübersichten und Diagrammen lassen sich Zusammenhänge erkennen und veranschaulichen. Lottes vogelkundige Tierärztin kann sich auf diesem Weg ein recht aussagekräftiges Bild von der Entwicklung der Krankheit und der Wirkung der verschiedenen Medikamente machen.

***Hilfe für Lotte***

*Die detaillierten Aufzeichnungen sind die einzige Möglichkeit, sich ein aussagekräftiges Bild von Lottes Krankheitsverlauf zu machen und die vogelkundige Tierärztin bestmöglich zu unterstützen. Lotte profitiert täglich davon. Sie hat jetzt deutlich weniger Anfälle und führt zurzeit ein relativ normales Leben!*

Mittlerweile sind wir bei einer Medikamentierung angelangt, mit der Lotte endlich unter deutlich weniger Krampfanfällen leidet. Jetzt sind 3 ½ Jahre seit dem ersten Krampfanfall vergangen. Ohne meine detaillierten Aufzeichnungen hätten wir keine Chance, den Krankheitsverlauf über diesen langen Zeitraum nachzuvollziehen und eventuelle Muster zu erkennen. Bis Ende April 2024 musste ich 945 Krampfanfälle beobachten. Wie sollte ich da ohne meine Aufzeichnungen die Übersicht behalten? So weiß ich, dass wir im Frühjahr stets einen Anstieg der Anfälle verzeichnen müssen. Dieser fällt jetzt allerdings deutlich geringer aus. Von 241 Anfällen im Jahr 2021 stieg die Anzahl auf 400 im Jahr 2022. Der Krankheitsverlauf konnte durch das neue Behandlungskonzept im Jahr 2023 mit 212 Anfällen auf den niedrigsten Stand dieser drei Vergleichsjahre gebracht werden.

Niemand kann vorhersehen, welchen Verlauf Lottes Krankheit nehmen wird. Ich weiß nur, dass ich die Dokumentation weiterführen werde, um meiner geliebten Lotte bestmöglich zu helfen.

## Übersicht ab November 2020

| Nov-20 | Dec-20 | Jan-21 | Feb-21 | Mar-21 | Apr-21 | May-21 | Jun-21 | Jul-21 | Aug-21 | Sep-21 | Oct-21 | Nov-21 | Dec-21 |
|---|---|---|---|---|---|---|---|---|---|---|---|---|---|
| 10 | 17 | 16 | 22 | 39 | 22 | 17 | 4 | 15 | 15 | 14 | 25 | 24 | 28 |
| 0.7 | 0.5 | 0.5 | 0.8 | 1.3 | 0.7 | 0.5 | 0.1 | 0.5 | 0.5 | 0.5 | 0.8 | 0.8 | 0.9 |

| Jan-22 | Feb-22 | Mar-22 | Apr-22 | May-22 | Jun-22 | Jul-22 | Aug-22 | Sep-22 | Oct-22 | Nov-22 | Dec-22 | Jan-23 | Feb-23 |
|---|---|---|---|---|---|---|---|---|---|---|---|---|---|
| 48 | 38 | 45 | 40 | 60 | 28 | 25 | 22 | 26 | 25 | 21 | 22 | 23 | 18 |
| 1.8 | 1.5 | 1.8 | 1.5 | 2.2 | 1.2 | 1.0 | 0.9 | 1.3 | 1.0 | 0.8 | 0.8 | 0.8 | 0.7 |

| Mar-23 | Apr-23 | May-23 | Jun-23 | Jul-23 | Aug-23 | Sep-23 | Oct-23 | Nov-23 | Dec-23 | Jan-24 | Feb-24 | Mar-24 | Apr-24 |
|---|---|---|---|---|---|---|---|---|---|---|---|---|---|
| 29 | 30 | 20 | 16 | 9 | 12 | 9 | 19 | 19 | 8 | 16 | 19 | 11 | 19 |
| 1.1 | 1.3 | 0.8 | 0.6 | 0.3 | 0.4 | 0.5 | 0.8 | 0.7 | 0.3 | 0.5 | 0.7 | 0.4 | 0.8 |

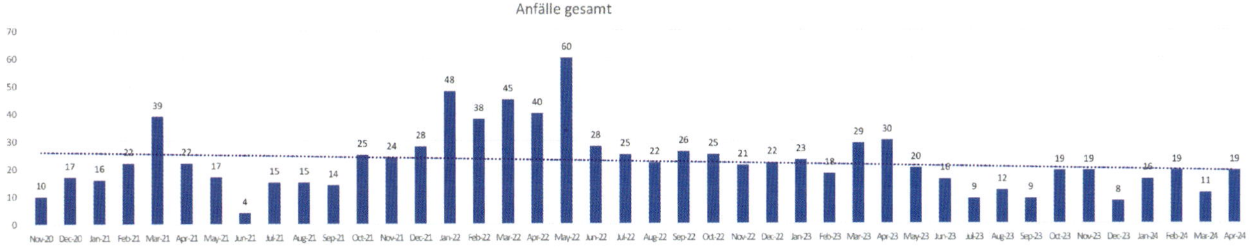


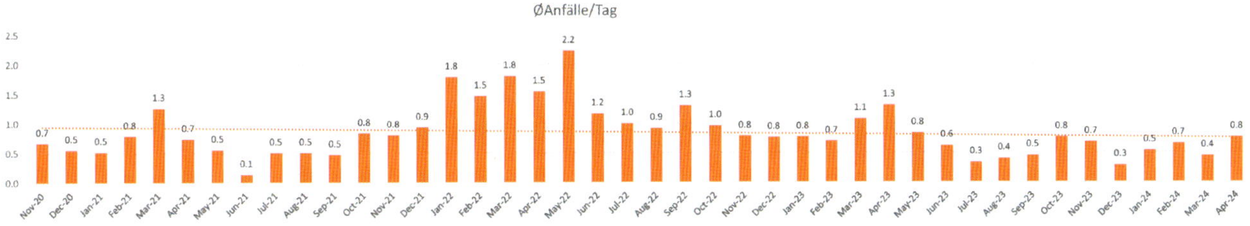


| Gesamt 2021 | Gesamt 2022 | Gesamt 2023 |
|---|---|---|
| 241 | 400 | 212 |

**Medikamentierung**

| Zeitraum | Dosierung | Medikament |
|---|---|---|
| ab 10.Dez 2020 | 2*0,100 | Gl |
| 07.Februar - 26.Februar 2021 | 1*0,020 | Hp |
| 27.Februar - 06.März 2021 | 2*0,010 | Hp |
| 07.März - 29.März 2021 | 1*0,050 | ab 05.März 23: |
| 30.März - 10.April 2021 | 1*0,075 | Lu |
| 11.April - 18.September 2021 | 1*0,100 | Lu |
| 19.September - 31.Dezember 2021 | 1*0,125 | Lu |
| ab 21. September | 1*0,100 | KB |
| ab 15.Oktober | 1/4 Tbl | LP |
| ab 16.Oktober | 1*0,125 | KB |
| ab 09.Dezember 2021 | 1*0,150 | KB |

| Zeitraum | Dosierung | Medikament | Verdünnung |
|---|---|---|---|
| ab 01. Jan 22 | 1*0,125 | Lu | 1Tbl/7,5ml |
| ab 01. Jan 2022 | 1*0,15 | KB | 1/2 Tbl/10ml |
| ab 01. Jan 2022 | 2*0,10 | Gl | |
| ab 01. Jan 2022 | 1*1/4 | LP | |
| ab 16.Jan 22 | 2*0,06 | Lu | 1Tbl/7,5ml |
| | 2*0,075 | KB | 1/2 Tbl/10ml |
| ab 25. Jan 22 | 2*0,08 | Lu | 1Tbl/7,5ml |
| | 2*0,10 | KB | 1/2 Tbl/10ml |
| ab 21. Feb 22 | 1*0,16 | Lu | 1Tbl/7,5ml |
| ab 21. Feb 22 | 1*0,20 | KB | 1/2 Tbl/10ml |
| ab 26. Feb | 1*0,08 | Lu | 1Tbl/3,75ml |
| | 1*0,10 | KB | 1/2 Tbl/5ml |
| ab 18. Nov 22 | 1*0,04 | PN | |

| Zeitraum | Dosierung | Medikament | Verdünnung |
|---|---|---|---|
| ab 01. Jan 23 | 1*0,08 | Lu | 1Tbl/3,75ml |
| ab 01. Jan 23 | 1*0,10 | KB | 1/2 Tbl/5ml |
| ab 01. Jan 23 | 2*0,10 | Gl | |
| ab 01. Jan 23 | 1*1/4 | LP | |
| ab 01. Jan 23 | 1*0,04 | PN | |
| ab 23. Jan 2022 | 1*0,10 | PN | |
| ab 28. Jan 23 | 2*0,05 | Et | 1Tbl/2ml |
| ab 28. Jan 23 | 1*0,10 | KB | 1/2 Tbl/7ml |
| ab 05.Feb 23: | 1*0,10 | KB | 1/2 Tbl/10 ml |
| ab 12.Feb 23: | 1*0,10 | KB | 1/2 Tbl/12,5ml |
| ab 19.Feb 23: | 1*0,10 | KB | 1/2 Tbl/15,0 ml |
| ab 26.Feb 23: | 1*0,10 | KB | 1/2 Tbl/17,5 ml |
| 05.März 23 bis 08.März 23: | 1*0,10 | KB | 1/2 Tbl/20,0 ml |
| 22. März | | Lu | |

*Über mehrere Jahre geführte Diagramme helfen Zusammenhänge, Krankheitsverläufe und die Wirkung der Medikamente zu erkennen.*

### 12.4. Auf den Ernstfall vorbereitet - Medical Training

Dieses Kapitel ist für mich eine echte Herzensangelegenheit. Die kranke Lotte profitiert täglich zweimal davon, denn sie ist lebenslang auf Medikamente angewiesen. So würde es mir das Herz brechen, wenn ich sie täglich zweimal zur Verabreichung ihrer Medizin mit dem Kescher einfangen müsste. Wie sich ihre Krankheit wohl mit diesem zusätzlichen Stress entwickelt hätte? Vermutlich hätte diese Zwangsmaßnahme sehr negative Folgen. Gut, dass sie bereits vor dem Ausbruch der Krankheit aus der Spritze zu trinken gelernt hatte.

Der Blick und die Bewegung geht in Richtung Spritze: „CLICK"

**_Voraussetzungen_**

*Die Voraussetzung für die Übungen „Aus der Spritze trinken", „Auf die Waage gehen" und „In den Transportkäfig gehen" ist, dass die Nymphensittiche dem Target sicher folgen.*

#### 12.4.1. Aus der Spritze trinken

So verlieren Gegenstände ohne Training ihr Grauen: Da unsere kleinen Kakadus eine angeborene Angst vor allem Neuen haben, gehen wir behutsam an die Sache heran und beginnen den Gegenstand, in unserem Fall die Spritze, zu desensibilisieren. Je mehr positive Erfahrungen unser Vogel mit einem Gegenstand macht, desto schneller wird er seine Angst vor ihm verlieren. Hilfreich ist es immer, den Gegenstand in Sichtweite der Vögel hinzulegen. Die Vögel können ihn in aller Ruhe anschauen und sehen, dass er sie nicht im nächsten Moment verschlingen wird. Wichtig ist immer, den für den Komfort nötigen Abstand einzuhalten, also einen Abstand, in dem die Nymphensittiche noch keinerlei Abwehrverhalten oder Angst zeigen. Nach und nach können wir die Spritze jetzt langsam näher an den Lieblingsplatz

Nico nimmt ein Tröpfchen von der Spritzen-Spitze ab: „CLICK"

bringen. Dieses Vorgehen kann das gezielte Training mit einem neuen Gegenstand vorbereitend unterstützen, aber nicht ersetzen.

### Mit dem Clicker schneller ans Ziel

Wir legen den Gegenstand, in unserem Fall eine Spritze, mit einem großen Abstand zum Vogel auf einen Tisch. Mit dem Target führen wir den Vogel an dem Gegenstand vorbei. Die Annäherung erfolgt stets mit einem Abstand, in dem der Vogel sich noch wohl fühlt. Geht der Vogel ganz dicht an der Spritze vorbei, können wir diese in die Hand nehmen und unseren Vogel mit dem Target an sie heranführen. Vergessen Sie bitte nicht, Ihre Vögel häufig zu belohnen.

### Schritt für Schritt zur Spritze

Ihr Vogel hat jetzt keine Angst mehr vor der Spritze. Im Gegenteil: Sie ist durch die zahlreichen Belohnungen positiv belegt. Verstärken Sie jede Bewegung zur Spitze der Spritze. Ein Blick ist einen „Click" genauso wert wie eine Annäherung. Der neugierige Nymphensittich untersucht alles gerne ganz genau mit seinem Schnabel. Dies machen wir uns jetzt zu Nutze und verstärken exakt den Moment, in dem er mit seinem Schnabel die Spitze der Spritze berührt. Höchste Zeit, sie mit einer gut schmeckenden Flüssigkeit zu füllen.

### Lecker, lecker

Mit Wasser verdünnter Kamillentee hat sich bei mir bewährt, aber auch verdünnte Gemüse- oder Fruchtsäfte schmecken unseren "Gourmetschnäbeln". Einen kleinen Tropfen schieben Sie jetzt so aus der Spritze, dass er an deren Spitze hängt. Jetzt ist gutes Timing ganz besonders wichtig, denn wir clicken exakt den Moment, in dem unser Vogel mit seinem Schnabel diese Spitze berührt und dabei den Tropfen abnimmt. Der gefiederte Freund wird schnell lernen, das leckere Tröpfchen abzunehmen.

In einem weiteren Schritt trainieren Sie mit anderen wohlschmeckenden Flüssigkeiten, damit sich Ihre Nymphensittiche gleich an die unterschiedlichen Geschmacksrichtungen gewöhnen.

### „Kunterbunt" und „nicht lecker" will gut trainiert sein

Nico hatte immer Angst vor bunten Flüssigkeiten, während Lotte das gar nicht zu interessieren scheint. Wir müssen also auch das Aufnehmen von Flüssigkeiten mit kräftigen Farben etablieren. Hierfür gehen wir zurück auf Anfang und wiederholen diese

*Nicht leckere Flüssigkeiten werden gerne im Unterschnabel gesammelt und weggeschleudert. Um das zu verhindern, müssen wir ihm sofort seine Belohnung reichen. Der Vogel wird diese gierig nehmen und den Tropfen schlucken.*

Schritte, bis der Vogel ohne jegliches Zögern auch die farbigen Flüssigkeiten aus der Spritze trinkt. Ist auch dieser Schritt geschafft, üben Sie bitte mit weniger lecker schmeckenden Flüssigkeiten. So vermitteln Sie, dass nicht jede Flüssigkeit gut schmeckt. Dies ist wichtig für den Ernstfall. Unsere kleinen Kakadus lernen so, dass es immer um die Belohnung im Anschluss an den Schluck aus der Spritze geht und nicht um einen leckeren Tee oder Saft. Das ist ein wirklich entscheidender Schritt!

**Größere Mengen und verschiedene Flüssigkeiten**

Im Folgenden sollten Sie noch daran arbeiten, dass nicht nur ein einzelner, sondern zwei, drei und mehr Tropfen aufgenommen werden. Die Menge jedes einzelnen Medikaments beträgt häufig circa 0,1 ml. Es können aber mehrere Medikamente nötig sein. Also trainieren wir mit unterschiedlichen Flüssigkeiten, die bei einer Übungseinheit hintereinander getrunken werden sollten. Es ist für uns als Trainer und für unsere Vögel im Krankheitsfall sehr vorteilhaft, wenn sie bereits routinierte Spritzen-Profis sind.

***Üben für den Ernstfall***

*Für einen Krankheitsfall sind wir am besten gerüstet, wenn wir mit einer großen Varianz an Farben und Geschmäckern immer wieder üben. Auch bei Nymphensittichen, die die Übung perfekt beherrschen, sollte man sie unbedingt engmaschig auffrischen. So gerät das Gelernte nie in Vergessenheit. Je besser diese Übung trainiert ist, desto einfacher fällt es dem Patienten, dem es ohnehin nicht gut geht, seine Medikamente einzunehmen. An Lottes Beispiel, die morgens fünf und abends zwei Medikamente braucht, sieht man deutlich, dass das freiwillige, stressfreie Trinken aus einer Spritze von einem Tag auf den anderen extrem wichtig werden kann.*

### 12.4.2. Auf die Waage gehen

Das Körpergewicht unserer Vögel kann eine Menge über ihren Gesundheitsstatus verraten. Nymphensittiche gehören leider zu den Papageienarten, die bereits beim Gedanken an leckere, fette Körnchen Fettpölsterchen bekommen. Im schlimmsten Fall führen diese zu Adipositas (Fettleibigkeit), die wiederum

**Was darf mein Nymphensittich wiegen?**

*Das ist eine sehr gute Frage, auf die es gilt für jedes Individuum die richtige Antwort zu finden. Nico ist ein kleiner, zierlicher Vogel, der anfangs lediglich 76 smarte Gramm wog. Der größere, stets gut bemuskelte Falco wog circa 20 Gramm mehr! Ein riesiger Gewichtsunterschied zwischen den Jungs, die beide schlank waren. Lassen Sie also bitte das perfekte Gewicht Ihrer Nymphensittiche von Ihrem vogelkundigen Tierarzt bestimmen. Das funktioniert super im Rahmen des wichtigen Jahreschecks.*

„Ich bin doch nicht zu dick, oder?"

schwere Krankheiten begünstigen kann. Sieht man, dass einer der Vögel moppelig wird, ist es schon fast zu spät! Das Gefieder kaschiert die gefährlichen Rundungen viel zu lange. Andererseits dürfen die kleinen Kakadus natürlich auch nicht zu schlank sein. Die Kontrolle der Körpergewichte ist wichtig, denn eine Gewichtsabnahme kann genau wie eine -zunahme ein Indiz für eine Erkrankung sein.

### Auswahl der richtigen Waage

Bevor es losgehen kann, brauchen wir eine Briefwaage. Die einfachen batteriebetriebenen Modelle schalten sich nach kurzer Zeit ab, wenn sich das Gewicht des Wiegegutes nicht ändert. Das bedeutet, dass nicht sehr viel Zeit für das Wiegen der Nymphensittiche bleibt. Für coole, selbstsichere Charaktere sind diese Geräte günstig und praxistauglich. Für ängstliche Vögel, die allem Neuen sehr skeptisch gegenüberstehen, empfiehlt sich die Anschaffung einer Waage, die sich nicht selbstständig abschaltet.

### Jetzt geht´s zum Wiegen

Zuerst desensibilisieren wir unseren Vogel auf dem Gang zur Waage, wie bereits in Kapitel 12.4.1. beschrieben. Geht unser Trainingspartner ganz dicht an der Waage vorbei, beginnen wir ihn mit dem Target auf die Wiegefläche zu leiten. Führen Sie den Vogel mit dem Target so, dass er sich immer weiter strecken muss, um die Spitze des Targets zu berühren. Manche Nymphensittiche untersuchen mit Hilfe des Schnabels einen neuen Gegenstand. So prüfen sie, ob sie es wagen können einen Fuß auf die Waage zu setzen. Hebt er ein Füßchen hoch, ist das genauso einen CLICK wert, wie das erste vorsichtige Aufsetzen eines Fußes auf der Wiegefläche. Mit jedem CLICK gewinnt der Nymphensittich nicht nur Selbstvertrauen, sondern die Waage wird auch kontinuierlich immer positiver belegt. Bald wird er es wagen mit beiden Füßen auf die Waage zu steigen. Ein donnernder Applaus in Form einer großen Belohnung ist für diese Heldentat angemessen. Geht der Vogel nach einigen weiteren Übungseinheiten ohne zu zögern auf die Waage, verstärken wir das ruhige Stehenbleiben, damit wir das Wiegeergebnis gut ablesen können.

*Nico hat keine Angst mehr vor der Waage.*

*Auch das *auf der Waage stehen bleiben* will geübt sein. Sonst ist der kleine Nico weg, bevor ich das Gewicht ablesen kann.*

### 12.4.3. In die Transportbox gehen

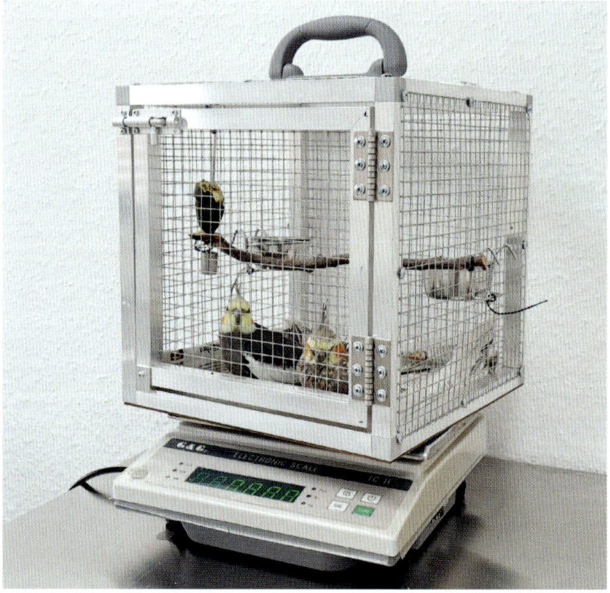


*Dank Training bleiben Lotte und Falco beim vogelkundigen Tierarzt gelassen.*

Mit Hilfe dieser Übung verliert der Gang zum vogelkundigen Tierarzt seinen Schrecken. Wir haben damit tatsächlich die Chance, dass der negative Stress für uns und unsere Vögel erheblich reduziert wird, weil sie ihre Transportbox kennen und diese durch das Training positiv belegt ist. Wir als Trainer sind gefordert, äußerst feinfühlig und sensibel auf jegliches Abwehrverhalten unserer kleinen Kakadus zu reagieren und mit Hilfe kleinster Teilschritte die verschiedenen Klippen zu meistern.

**Desensibilisierung der Transportbox**

Zuerst stellen wir die Transportbox ins Vogelzimmer. Den Abstand zur Voliere wählen wir gerne so groß wie möglich. Wenn möglich, sollte sie dauerhaft im Vogelzimmer stehen bleiben. So erreichen wir, dass die Vögel sich nicht nur an ihren Anblick gewöhnen, sondern sie als einen selbstverständlichen Gegenstand in ihrem Umfeld wahrnehmen. Parallel können wir unsere kleinen Kakadus mit dem Target immer dichter an der Transportbox vorbeiführen. Ist dieser Schritt geschafft, und die Vögel gehen völlig selbstverständlich und gelassen dicht an der Box vorbei, beginnen wir, sie in Richtung Türschwelle zu führen.

***Auswahl der richtigen Transportbox***

- *Die Box muss groß genug sein, dass der Vogel sich nicht sein Schwanzgefieder beschädigt und aufrecht stehen kann. Andererseits darf sie auch nicht so groß sein, dass der Vogel darin ins Flattern kommen kann.*
- *Schwingende Teile wie Spielzeuge oder Schaukeln können sich während des Transports zu gefährlichen Geschossen entwickeln und haben nichts in der Box zu suchen.*
- *Die Tür sollte möglichst groß und einladend sein.*
- *Eine Sitzstange gewährleistet einen guten Halt während des Transports.*
- *Die Box sollte beim Training genauso ausgestattet sein wie beim Transport.*
- *Das Zeitungspapier auf dem Boden erlaubt die Beurteilung des Kots sehr gut.*

**Herausforderung Türschwelle**

Möchten wir unsere Nymphensittiche mit dem Target über die Türschwelle leiten, sollten wir aufgrund der engen Platzverhältnisse vorher ausprobieren, wie wir das Target durch die Verdrahtung bringen und wie es funktioniert, dem Vogel seine Belohnung zu reichen. Hier kann es sinnvoll sein, einen Löffel zu benutzen. Den Löffel müssen wir dazu desensibilisieren und der gefiederte Trainingspartner muss völlig selbst-

*Mit kleinsten Mini-Schrittchen die Herausforderungen schneller meistern.*

verständlich in unterschiedlichen Situationen seine Körnchen davon nehmen!

Bei mir hat es sich bewährt, die Vögel für die nächsten Schritte auf die Hand zu nehmen. Gehen die Nymphensittiche noch nicht auf die Hand, funktionieren diese Schritte analog auch mit dem Stöckchen-Taxi. Wir bringen unseren auf der Hand oder dem Stöckchen-Taxi sitzenden Trainingspartner im Zeitlupentempo in kleinsten Schritten immer weiter Richtung Türschwelle. Läuft oder fliegt der Vogel weg, sind wir zu schnell vorgegangen. Wichtig ist immer, den Abstand so groß zu wählen, dass der Vogel sich noch wohlfühlt und keinerlei Abwehrverhalten zeigt.

### Millimeter für Millimeter ins Boxeninnere

Können wir unseren Nymphensittich völlig selbstverständlich in einer normalen Geschwindigkeit an

*Ein Jackpot für das Absteigen auf die Stange.*

die Türschwelle bringen, gehen wir in Millimeter-Schrittchen weiter ins Innere der Box. Vergessen Sie nie, dass häufiges Belohnen die halbe Miete ist und für Glanzleistungen ist auch beim Erreichen von Zwischenzielen ein Jackpot gerne gesehen.

**Auf die Sitzstange absteigen**

Bevor Sie Ihren Trainingspartner auf der Stange absetzen, lassen Sie ihn sich alles genau ansehen und gegebenenfalls die Stange mit seinem Schnabel prüfen. Fühlt er sich sicher und wohl, setzen Sie ihn mithilfe des Targets oder des „Ab"-Kommandos ab. Diese Glanzleistung belohnen Sie üppig. Diese Schritte wiederholen wir so oft, bis unser Heimvogel sich ohne zu zögern auf die Stange des Transportkäfigs setzen lässt.

**Auf der Sitzstange bleiben**

Im nächsten Schritt lehren wir unseren gefiederten Schüler, dass es sich für ihn lohnt, auf der Stange sitzen zu bleiben. Dafür belohnen wir ihn anfangs in kurzen Abständen, die wir nach und nach langsam ausdehnen. Gleichzeitig verlängert sich so auch die Verweildauer in der Box.

**Die Tür bewegen**

Bevor wir damit beginnen, die Tür zu schließen, sollten wir unserem Vogel zeigen, dass diese sich bewegen kann. Anfangs tun wir das im Zeitlupentempo im Millimeterbereich, später im normalen Tempo.

**Die Tür schließen**

Die Tür zu schließen ist nochmals ein sehr heikler Punkt, den wir mit Bedacht aufbauen müssen. Wieder gehen wir sehr geduldig vor und arbeiten uns

*Auf der Sitzstange zu bleiben ist für die agilen kleinen Kakadus eine Herausforderung. Die Türen bleiben noch weit geöffnet, so dass die Vögel die Box jederzeit verlassen können.*

Grad um Grad voran. Der Vogel weiß ganz genau, dass er nicht aus dieser kleinen Box herauskommt, wenn die Tür ganz geschlossen ist. Kein schönes Gefühl für ihn. Seine Körpersprache verrät uns, wann wir sie das erste Mal für einen kleinen Moment komplett schließen dürfen. Diesen Schritt üben wir gründlich. Die Belohnung darf ruhig etwas größer ausfallen und mit einiger Übung können wir die Tür etwas länger geschlossen halten.

**Praxistipp**

*Schauen Sie bei dieser Übung bitte noch genauer auf die Körpersprache Ihrer gefiederten Freunde. Lassen Sie sich viel Zeit für die einzelnen Trainingsschritte und belohnen Sie Ihren Nymphensittich häufig. Die meisten Vögel wurden schon unsanft in kleine Boxen oder Kisten gestopft, aus denen es für sie kein Entrinnen gab. Das sollten wir als Trainer immer bedenken und uns darüber klar sein, wie viel Vertrauen unsere kleinen Kakadus brauchen, um freiwillig den Schritt in die Box zu wagen. Die schlauen Köpfchen wissen außerdem ganz genau, was es bedeutet, wenn die Tür sich hinter ihnen schließt.*

### 12.4.4. Übung macht den Meister

Ein kranker Vogel ist meist zurückhaltender und weniger kooperativ. Er fühlt sich nicht wohl und kann sich nicht so gut konzentrieren. Auch einfache Übungen fallen ihm schwerer. Es lohnt sich also, die Medical-Übungen sehr häufig zu wiederholen, denn sie müssen jederzeit funktionieren. Man weiß ja nie, was passiert …

Abschließend zwei kleine Geschichten von Lotte und Falco. Lotte ist ein Traumvogel, ein echter Herzensvogel. Keiner meiner anderen Vögel ist beim Training so darum bemüht, immer alles richtig zu machen. Krankheitsbedingt gibt es allerdings auch die anderen Tage. Die ganz anderen Tage um genau zu sein. Da hat die sonst so selbstsichere und durchsetzungsfähige kleine Kakadu-Dame Angst vor allem und jedem. Teilweise sind ihre Reaktionen auf Alltagssituationen geradezu panisch. Andere Male sitzt sie einfach nur auf ihrem Platz und zeigt keinerlei Interesse an ihrer Umwelt. Ihre Medikamente muss sie natürlich dennoch stressfrei einnehmen. Mit einer großen Spezial-Lotte-Trickkiste und noch mehr Geduld schaffen wir das zum Glück auch. Dies ist allerdings nur möglich, weil sie die Übung „Aus der Spritze trinken" perfekt beherrscht und ich ihr immer die Zeit gebe, die sie braucht.

Falcos Achillesferse ist die Transportbox. Während Nico, Lotte und Molly geradezu in die Transportboxen stürmen, als gäbe es kein Morgen mehr, ist Falco sehr zurückhaltend. Das heißt, dass ich diese Übung mit ihm besonders häufig trainiere, und das zahlt sich aus. Mein Kescher steht seit Jahren unbenutzt im Schrank und so soll es auch bleiben.

*Jahrelanges Training ist die Basis für Falcos Vertrauen.*

## Impressum

Ferber, Heidrun
Haltung von Nymphensittichen
Nymphensittiche im Alltag: Der Praxis-Ratgeber
Fütterung, Unterbringung, Gesundheit, Beschäftigung, Verhalten

1. Auflage (2025)
Arndt-Verlag bei AVES Publishing e. K, Bretten
ISBN 978-3-945440-99-5

©Arndt-Verlag bei AVES Publishing e. K, Bretten (www.arndt-verlag.de)
Gesamtgestaltung: Birgit Bautz-Schäfer
Fachlektorat: Jörg Clausen
Sprach- und Schlusslektorat: Dr. Rainer Noske

Gedruckt in der EU

Bilder stammen von der Autorin mit Ausnahme: S. 2 (Dr. Matthias Reinschmidt); S. 4 und S. 119 (pixabay); S. 6 + 7 (Thomas Arndt); S. 8 + 9 (Karl-Heinz Lambert); S. 25 (Alexander Klein); Titel-Hauptfoto, Titel unten links, sowie S. 3, S. 31, S. 56, S. 87, S. 97, S. 98, S. 99, S. 110, S. 111, S. 112, S. 113, S. 115, S. 116, S. 117 (Rolf Pfeiffer); außerdem sei mit Dank auf den Aufnahmeort Wilhelma Stuttgart bei diesen Fotos der Autorin hingewiesen: Titel oben links, S. 10, S.12, S. 16, S. 17, S. 20 oben, S. 24, S. 30, S. 47 unten rechts, S. 52, S. 62, S. 81, S. 82 unten links, S. 84, S. 91, S. 100, S. 101 und aufgenommen im Zoo Karlsruhe wurde das Bild S. 94.

Hinweis der Autorin zum Titel-Hauptbild: Wieviel Vertrauen wachsen kann und ob die Vögel sogar den Schritt auf die Hand wagen, ist abhängig von der Vorgeschichte der Vögel und dem Talent des Trainers.

Rechtliche Hinweise:
Das Buch ist urheberrechtlich geschützt. Jede Verwertung in Gänze oder in Teilen ist ohne schriftliche Genehmigung des Verlages unzulässig und strafbar. Dies gilt insbesondere für Vervielfältigungen, Übersetzungen und die Einspeicherung sowie Verbreitung in digitalen/elektronischen Systemen einschließlich des Internets und Social-Media-Plattformen. Alle Angaben im Buch sind sorgfältig überprüft worden. Dennoch können der Verlag und seine Mitarbeiter, der Herausgeber und der Autor des Buches keine Garantie übernehmen. Jegliche Haftung für Schäden und Folgen, die sich im Zusammenhang mit dem Gebrauch dieses Buch bzw. seiner Inhalte ergeben, ist ausgeschlossen. Eventuell gezeigte oder erwähnte Produkte/Marken sind nur exemplarisch zur Veranschaulichung von Sachverhalten aufgeführt. Die Aufführungen verstehen sich nicht als Verwendungsempfehlung oder Werbung.

## Literaturverzeichnis


**Behrends, F.** (2023): Hygiene im und am Boden - die geeignete Einstreu, Sonderheft Hygiene, S. 11-16, Arndt-Verlag. Bretten

**Britsch, G., Kothe, R., Vorbrüggen, S., Budde, S.** (2016): Mythen in der Papageienhaltung (Teil 2), WP-Magazin 3/2016, S. 40-43, Arndt-Verlag. Bretten

**Castro, A.M.** (2013): Die Vogelschule: Clickertraining für Papageien, Sittiche und andere Vögel, AdlA Papageienhilfe gGmbH. Hattersheim

**Castro, A.M.** (2008): Die Vogelschule: Mehr Clickertraining für Papageien, Sittiche und andere Vögel, AdlA Papageienhilfe gGmbH. Hattersheim

**Guddorf, V.** (2020): Ein neuer Vogel zieht ein, WP-Magazin 5/2020, S. 6-10, Arndt-Verlag. Bretten

**EXOPET-Studie:** „Haltung exotischer Tiere und Wildtiere in Privathand: Situationsanalyse, Bewertung und Handlungsbedarf insbesondere unter Tierschutzaspekten" (Stand 03. August 2023)

**Ferber, H.** (2022): Verführt – Vom Gemüsemuffel zum Gemüsegourmet, WP-Magazin 3/2022, S. 52-58, Arndt-Verlag. Bretten

**Ferber, H.** (2022): Praxisfall: Verliebte Jungs – und dann kommen die Weibchen dazu; WP-Magazin 4/2022, S. 60-64, Arndt-Verlag. Bretten

**Ferber, H.** (2024): Was will mein Vogel sagen? Praxisbeispiel Nymphensittiche; WP-Magazin 1/2024, S. 6-12, Arndt-Verlag. Bretten

**Forshaw, J. M. & Cooper, W. T.** (2002): Australische Papageien, Bd. 1. Arndt-Verlag. Bretten

**Hakemeyer, M.** (2023): Luft - eine unsichtbare Gefahr? WP-Magazin Sonderheft Hygiene, S. 17-19

**Herbert, P.** (2023): Luftqualität und Luftreinigung in der Vogelhaltung, WP-Magazin 6/2023, S. 40-44

**Hirt, J.** (2003), Schulungsordner Vögel, Bundesverband für Natur- und Artenschutz e.V. Hambrücken

**Kaleta, E.F., Krautwald-Junghanns, M. J.** (2011): Kompendium der Ziervogelkrankheiten; Korbel, R. 2.2.10 Auge, S. 81-82; Schlütersche. Hannover

**Lantermann, W.** (2021): Die Berücksichtigung des Verhaltens in der Haltung, Sonderheft Verhalten, S. 21-25

**Mayer, J.** (2016): Welcher Baum ist das? Kosmos. Stuttgart

**Oertel, V. & Wolf, P.** (2022): Früchte, Gemüse & Nüsse – Superfood für Papageien, Sittiche, weitere Ziervögel + Ziergeflügel, Arndt-Verlag. Bretten

**Oftring, B. & Wolf, P.** (2019): Vogelfutterpflanzen aus Natur und Garten, Arndt-Verlag. Bretten

**Pees, M.** (2011): Leitsymptome bei Papageien und Sittichen - Diagnostischer Leitfaden und Therapie, Enke Verlag. Stuttgart

**Radtke, G. & Koch, S.** (2008): Nymphensittiche, Edition Gefiederte Welt. Stuttgart

**Redaktion** (2019): Die 25 häufigsten Mythen und Irrtümer rund um Vögel, WP-Magazin 2/2019, S. 16-19, Arndt-Verlag. Bretten

**Redaktion** (2023): Prof. Dr. Claudia Mettke-Hoffmann: Phänomen Neophobie: Experten-Interview, WP-Magazin 6/2023, S. 6-9, Arndt-Verlag. Bretten

**Reinschmidt, M.** (2020): Zucht von Papageien und Sittichen, Arndt-Verlag. Bretten

**Padrón, R. Z.** (2019): Die Bedeutung von Baumrinde für Papageien, WP-Magazin 6/2019, S. 46-49, Arndt-Verlag. Bretten

**Padrón, R. Z.** (2023): Bitte tauschen Sie die Sitzstangen aus. Warum? WP-Magazin 2/2023, S. 24-25, Arndt-Verlag. Bretten

**Peus, E.** (2020): Gefahren durch Spielzeug, WP-Magazin 2/2020, S. 6-10, Arndt-Verlag. Bretten

**Schnabel, H.** (2002): Vogelfutterpflanzen, Arndt-Verlag. Bretten

**Schnittker, H.,** (2024): Zur Systematik der Kakadus (Teil 1), PAPAGEIEN 4/2024, Arndt-Verlag. Bretten

**Spohn, M. und R., Golte-Bechtle, M.,** (2015): Was blüht denn da? Kosmos. Stuttgart

**Steffen, Thorsten**, timeanddate.de, o.J.

**TVT,** Tierärztliche Vereinigung für Tierschutz e. V., Merkblatt Nr. 170 - Heimtiere: Nymphensittiche, Stand April 2013

**Schulemann-Maier, G., Gaßner, T.** (2020): Vögel sicher spielen lassen, WP-Magazin 2/2020, S. 40-43, Arndt-Verlag. Bretten

**Schulemann-Maier, G.** (2019): Technik rund um Gesundheit und Wohlbefinden, WP-Magazin 3/2019, S. 6-8, Arndt-Verlag. Bretten

**Schulemann-Maier, G.** (2023): Nur keine Angst! - So überwinden Vögel anfängliche Scheu, WP-Magazin 4/2023, S. 12-16, Arndt-Verlag. Bretten

**Vorbrüggen, S. und Britsch, G.** (2020): Warum ist (Sonnen-)Licht so wichtig für Vögel? WP-Magazin 4/2020, S. 20-23, Arndt-Verlag. Bretten

**Umlauf, M., T.** (2020): Bezoare-Fremdkörper im Kropf, WP-Magazin 2/2020, S. 24-26, Arndt-Verlag. Bretten

**Wöhr, A.-C.,** Exopet-Studie – Die Studie für mehr Fakten und Wissen zur Heimtierhaltung, 15HS014_2. ZB_Teil 3_Ergebnis Halter_ohne technischen Bericht_FINAL.pdf, (Stand 03. August 2023)